Research on Safety Risk
Identification and Assessment of Coal
Mine based on Text Mining

基于文本挖掘的煤矿安全风险识别与评价研究

李　爽　犹梦洁 ◎ 著

中国矿业大学出版社
·徐州·

内 容 提 要

本书采用文本信息挖掘方法对大量煤矿事故分析报告文本进行分析,实现了对煤矿安全风险的高效精准识别与综合评价,有效解决了煤矿大量隐患、事故数据缺乏利用的问题,极大提升了隐患分析的针对性和准确性,为安全风险超前防控提供了决策支持。

图书在版编目(C I P)数据

基于文本挖掘的煤矿安全风险识别与评价研究/李爽,犹梦洁著. 一徐州:中国矿业大学出版社,
2023.1

ISBN 978 - 7 - 5646 - 5682 - 9

Ⅰ. ①基… Ⅱ. ①李… ②犹… Ⅲ. ①数据采集一应用一煤矿一矿山安全一风险管理一研究 Ⅳ. ①TD7-39

中国国家版本馆 CIP 数据核字(2023)第 000045 号

书　　名	基于文本挖掘的煤矿安全风险识别与评价研究
	Jiyu Wenbenwajue de Meikuang Anquanfengxian Shibie yu Pingjia Yanjiu
著　　者	李　爽　犹梦洁
责任编辑	张　岩
出版发行	中国矿业大学出版社有限责任公司
	(江苏省徐州市解放南路　邮编 221008)
营销热线	(0516)83884103　83885105
出版服务	(0516)83885789　83884920
网　　址	http://www.cumtp.com　E-mail:cumtpvip@cumtp.com
印　　刷	江苏凤凰数码印务有限公司
开　　本	787 mm×1092 mm　1/16　印张 14　字数 274 千字
版次印次	2023 年 1 月第 1 版　2023 年 1 月第 1 次印刷
定　　价	50.00 元

前　言

　　煤炭是世界上使用最广泛、最重要的能源之一，长期以来为全球经济持续增长提供了重要动力。虽不断在进行能源结构优化，降低化石能源占比，但 2019 年煤炭仍在世界能源结构中占比 27%。因此煤炭的安全开采依然是支撑全球能源安全与经济稳定的重要基础，如何既保证煤炭的稳定供应，又保证煤炭开采过程中的生产安全，极具现实意义。

　　我国是世界第一大煤炭生产国和消费国，2020 年我国的煤炭产量占全球总产量的 50.4%，消费量占全球总消费量的 54.3%，在全球化时代，保障我国煤炭安全开采对我国乃至全球的经济稳定发展都至关重要。煤炭行业灾害重、风险大、下井人员多、危险岗位多，一直是我国最典型的高危行业之一，过去频发的特重大事故造成了十分惨重的人员伤亡、财产损失和极其恶劣的社会影响，有研究指出，我国煤矿事故死亡人数约占全球煤矿事故死亡人数的 70%。近十年来，随着煤矿机械化、自动化、信息化和智能化水平的提高和多年的煤矿安全整改与治理，我国煤矿安全形势得到很大的改善，煤矿事故发生率、死亡人数和百万吨死亡率都得到了有效降低，但与发达国家相比还有一定的差距，各类生产事故不断，人员伤亡数量依然较高。基于始终把人民的生命财产安全放在第一位的理念，在新时代，国家对煤炭行业安全生产管理也提出了更高的要求。但在愈加复杂的社会技术系统背景下，煤矿生产系统的复杂性明显增加，煤矿生产系统的可靠性和风险性分析变得越来越具有挑战性。

全球工业化正窥探着第四次工业革命的门槛，新理念、新技术、新方法蓬勃迸发，智能化、智慧化已成为工业高质量发展的主流。在新技术时代背景下，为了响应"两化融合"发展战略，打造新型智能化矿山，进一步提高煤矿安全管理能力，充分利用科技进步保障煤炭生产安全，2020年国家发布了《关于加快煤矿智能化发展的指导意见》，提出煤炭工业高质量发展道路需要将大数据、物联网、云计算、人工智能等技术与现代煤炭开采进行深度融合，形成全面感知、实时互联、分析决策、自主学习、动态预测、协同控制的智能系统。因此，运用现代信息技术破解煤矿安全生产重大风险识别和评价难题，促进煤矿安全生产风险防控工作智能化，最大限度地避免人工干预，迅速对危险因素加以干预或处理，已经成为煤矿安全风险预控管理的重要趋势与关键制约因素，也是传统的煤炭行业迈向煤炭工业高质量发展道路非常重要的一环。

本书将现代信息技术与煤矿安全风险管理进行深度融合，充分运用人工智能技术挖掘利用非结构化煤矿安全生产大数据背后的规律和知识，为煤矿安全风险分析提供一种新的思路和方法框架，丰富煤矿安全风险管理理论与方法。本书的主要内容分为4个部分：第1部分提出了针对大量非结构化煤矿事故案例报告的风险智能识别方法，实现了非结构化事故案例数据向结构化事故风险基本信息的转变，为有效利用非结构化安全生产数据进行风险分析提供了方法支撑。第2部分分析了煤矿安全风险因素关联性和重要性，为有针对性地进行煤矿风险因素联合防御管控，切断风险传播路径提供了理论依据。第3部分采用多方法集成应用构建了数据驱动型的煤矿安全风险评价模型，提高了风险评价精度、节省了评价时间成本，同时提供了处理复杂高维数据的有效方法，为挖掘大量繁杂数据背后的事故发生规律奠定基础。第4部分提出了具体的基于风险识别与评价的煤矿安全风险控制方案，从而指导煤矿企业有效开展安全生产风险预控管理工作,为煤矿安全风险管理工作提供了新思路。

　　本书是作者近年来科学研究和成果应用工作的部分总结,得到了国家自然科学基金(71972176)、江苏省哲学社会科学基金重大项目(21ZD006)、国家重点研发计划(2017YFC0804408)和中央高校基本科研业务费专项(2020QN47)等项目的资助。参加本书编写的同志还有:贺超、李丁炜、薛广哲、刘娇、杨奇峰等同志。在本书撰写过程中,还得到了煤矿安全风险防控领域的众多专家学者的支持和帮助,在此一并表示感谢。

　　由于作者的研究水平和研究背景所限,书中难免存在错误及不妥之处,敬请广大读者批评指正。

著　者

2022 年　月

目 录

1

绪 论

1.1 研究背景

 煤炭是世界上使用最广泛、最重要的能源之一,长期以来为全球经济持续增长提供了重要动力。虽然人类不断在进行能源结构优化,降低化石能源占比,但 2019 年煤炭仍在世界能源结构中占比 27%[1]。因此煤炭的安全开采依然是支撑全球能源安全与经济稳定的重要基础,如何既保证煤炭的稳定供应,又保证煤炭开采过程中的生产安全,极具现实意义。

 我国是世界第一大煤炭生产国和消费国[2],2020 年我国的煤炭产量占全球总产量的 50.4%,消费量占全球总消费量的 54.3%[3],在全球化时代,保障我国煤炭安全开采对我国乃至全球的经济稳定发展至关重要。近年来为了减少碳排放量,我国不断推进能源结构的改革,提出要稳定油气供应,减少煤炭使用,大力发展天然气和风能、太阳能等清洁能源。图 1-1 和图 1-2 分别展示了近年来我国煤炭消费总量变化情况和能源消费结构占比情况。结合图 1-1 和图 1-2,可以看到十年间煤炭消费量同比增长幅度非常小甚至有时候出现负增长的情况,同时在我国能源消费结构中的占比也在不断降低,这是减排政策的很好体现,但总体上,煤炭目前仍然在我国能源消费中占据最大比例。同时由于我国一直是"富煤缺油少气"的国家,随着经济快速增长和国民生活水平不断提高,我国的能源消费总量将持续增加,加之近年来国际形势愈加复杂,保证国家的能源安全也更加重要,我国在《能源生产和消费革命战略(2016—2030)》中提出能源自给率要始终保持在 80% 以

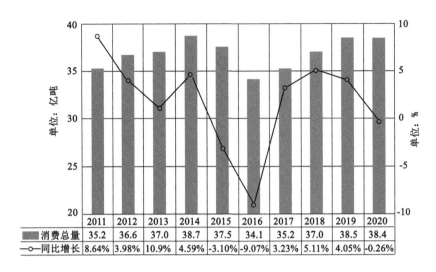

图 1-1 2011—2020 年我国煤炭消费总量变化情况

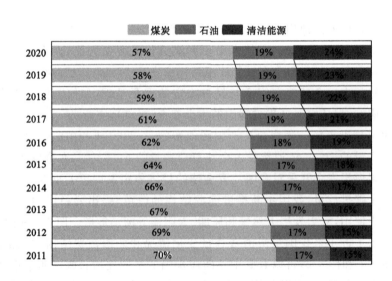

图 1-2 2011—2020 年我国能源消费结构

上。因此为了保证能源自给率,保证国家能源安全和经济发展,煤炭需求在未来增长率虽然也会进一步减缓,甚至会持续负增长,但降幅并不会大幅增加[4]。专家指出,至 2050 年我国煤炭需求总量依然基本稳定,未来很长一段时间内煤炭资源在我国依然占据能源体系中的主体地位,对我国经济发展起着关键性作用[5]。因此,煤炭的安全开采是保障我国能源安全与经济稳定的重要因素,如何提升我国煤炭行业安全生产能力,保障煤炭安全开采一直是我国所关注的重大问题。

煤炭行业灾害重、风险大、下井人员多、危险岗位多,一直是我国最典型的高危行业之一,过去频发的特重大事故造成了十分惨重的人员伤亡、财产损失和极其恶劣的社会影响,有研究指出我国煤矿事故死亡人数约占全球煤矿事故死亡人数的70%[6]。近十年来,随着煤矿机械化、自动化、信息化和智能化水平的提高及多年的煤矿安全整改与治理,我国煤矿安全形势得到很大的改善,煤矿事故发生率、死亡人数和百万吨死亡率都得到了有效降低,但与发达国家相比还有一定的差距,各类生产事故不断,人员伤亡数量依然处于世界前列[2,7]。基于国家始终把人民的生命财产安全放在第一位的理念,在新时代,政府对煤炭行业安全生产管理也提出了更高的要求。但在愈加复杂的社会技术系统背景下的煤矿生产系统的复杂性也明显增加,煤矿生产系统的可靠性和风险性分析变得越来越具有挑战性[8]。图1-3统计了我国煤矿近十年发生的事故数与死亡人数,可以看出2011—2015年期间,煤矿事故数和死亡人数呈快速下降的趋势,但是2016—2020年,下降速度明显减缓,甚至趋于平缓,这表明煤矿安全生产形势近几年没有得到进一步改善,煤矿安全管理到了发展瓶颈期。同时,根据国家煤矿安全监察局提供的煤矿事故统计报告整理的近6年发生的重特大事故,2015年以来我国共发生煤矿安全生产重大事故25起,年平均5起,共造成了372人死亡,直接和间接经济损失惨重,这些重大事故的发生表明我国对于煤矿重大事故的控制仍然不足。此外,我国煤矿地理条件十分复杂,矿井基本是地下开采,埋深在1 000 m以下的煤炭资源占比达53%[9],随着浅部资源枯竭,煤矿开采深度越来越深,面临的开采环境越来越复杂,开采要求和安全风险控制难度也越来越高,煤矿企业还存在着管理不规范、技术设备落后、缺乏有效的煤矿安全风险管理决策机制等问题。综上,我国煤矿安全生产形势依然十分严峻,我国依然面临着棘手的煤矿安全生产问题[10-12]。

党的十八大以来,习近平总书记站在新的历史方位,全面部署推进新时代应急管理工作,强调将工作重点由事后响应向事前预防转变,做到防患于未然,从源头上遏制重大风险,增强重大风险的防范化解能力。目前,针对煤矿安全事故的研究,我国传统的煤矿安全管理在政、产、学、研联合推动下正在从"事件中心论"向"风险中心论"、从"反馈响应为主"向"前馈干预为

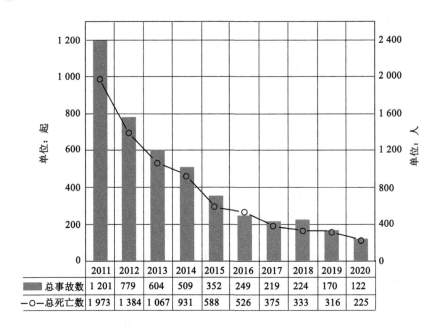

图 1-3　2011—2020 年我国煤矿事故数和死亡人数

主"、从"经验驱动"向"数据驱动"的煤矿安全风险治理模式转变,并取得了一定成果。但由于长期以来我国对煤矿安全的研究多集中在事故发生机理、煤炭生产技术等方面,近几年虽然有很多煤矿自然灾害的风险识别、评价、风险应对及管控技术等方面的研究,但由于过去煤矿安全生产数据获取能力受限等原因,研究进展相对缓慢,研究对象和方法相对单一,还未建立完善的煤矿安全生产风险管理体系。煤矿安全生产的信息来源种类多、规模大、数据分析要求高,使用传统方法很难及时识别出安全生产过程中的风险信息。目前大部分煤矿企业对事故风险状态的分析还主要基于现场人员的知识和主观判断以及依靠提前设置的风险指标阈值对比,风险的防控也多是基于历史经验教训进行常规安全决策,对物联网背景下采集的多类型、动态、实时的煤矿安全生产大数据利用不足,同时现代信息技术在当前煤矿风险识别、评价与处置方面的研究利用不足。

有效利用现代信息化技术,加强对安全生产大数据的归集、挖掘及关联分析,提升安全风险识别和评价能力,对遏制重特大事故发生、保障生产安全需求有重要意义。煤炭行业是我国典型的传统能源行业,在信息技术高速发展的时代背景下,传统的煤炭行业迈向煤炭工业高质量发展道路是必然趋势,其中应用现代信息技术有效防范和化解煤矿安全生产重大风险,保障生产安全是非常重要的一环。为了充分利用科技进步保障煤矿生产安全,2020 年国家发布了《关于加快煤矿智能化发展的指导意见》(发改能源〔2020〕283 号),提出煤炭工业高质量发展道路需要将大数据、物联网、云计算、人工智能等技术与现代煤炭开采进行深度融合,形成全面感知、实时互联、分析决策、自主学习、动态预测、协同控制的智能系统。因此,运用现代信息技术破解煤矿安全生产重大风险识别和评价难题,促进煤矿安全生产风险防控工作智能化,最大限度避免人工干预,迅速对危险因素加以干预或处理,已经成为煤矿安全风险预控管理的重要趋势与关键制约因素。

风险识别和评价的前提是安全生产相关基础数据的获得。多年来,国家对发生的煤矿安全事故进行了详细调查和处置,形成了宝贵海量的煤矿安全事故调查报告,成为辅助煤矿安全生产的重要数据资源。大量事故报告对煤矿企业起到警示和借鉴作用,也更加明确了安全监管对象,但却忽略了进一步对这些宝贵资料进行系统的深度挖掘利用,从中抽取事先未知的、可理解的、最终可用的知识。事故案例作为事故风险源集中展示的材料,在提取可能诱发煤矿灾害的关键风险因素和挖掘隐含、未知的风险发生规律等问题中价值巨大,如果好好利用,可以成为很好的学习资源。但目前仍缺乏对海量非结构化的煤矿安全事故案例文本数据深入挖掘并加以利用的有效方法。充分运用人工智能等科学技术,挖掘利用煤矿安全生产数据背后的规律和知识,为安全、生产、管理及决策提供及时有效的依据是迈向智慧矿山的必经之路,然而现有文献仍然缺乏利用人工智能、数据挖掘等方法的优势,来形成对数据资料处理的新方法,从"未知"中发现规律,实现趋势预测并应用于实际的方法学的研究。

因此,围绕当前我国煤矿安全风险管理存在的事故数据利用不足,风险因素相互作用关系不明确,风险识别与评价研究过度依赖专家经验和主观判断,现代信息技术在煤矿风险识别、评价与处置方面研究利用不足等主要问题,本书提出基于文本挖掘的煤矿安全风险识别与评价研究课题,以期运用安全风险管理理论,结合文本挖掘、关联规则分析、贝叶斯网络、t-SNE 降维算法、极限学习机等现代信息技术手段,以历年煤矿安全事故案例文本调查报告为分析对象,对煤炭开采过程中的安全生产风险因素识别和风险动态评价等内容进行深入研究,最大限度上避免人工干预,向基于数据驱动的煤矿安全风险治理模式转变,实现煤矿安全风险管理信息化与智能化,为减少和避免煤矿事故提供理论依据和技术支撑。

1.2 研究意义

针对煤矿安全风险预控管理现状以及现代信息化技术应用于煤矿安全风险识别、评价存在的不足,本书研究所具有的意义主要总结为以下几个方面。

(1)在新技术时代背景下,为了响应"两化融合"发展战略,打造新型智能化矿山,进一步提高煤矿安全管理能力,本书将现代信息技术与煤矿安全风险管理进行了深度融合,充分运用人工智能等科学技术挖掘利用煤矿安全生产数据背后的规律和知识,为煤矿安全风险因素识别分析和风险评价提供一种新的思路和方法框架,为安全、生产、管理及决策提供及时有效的理论依据和方法支撑。

(2)煤矿安全生产大数据由结构化数据、半结构化数据和非结构化数据组成,其中半结构化和非结构化数据占据绝大部分比例。为了充分利用煤矿安全大数据优势来优化煤矿安全生产管理,预防事故的发生,本书采用优化的文本挖掘技术实现对大量煤矿事故案例文本数据的挖掘分析,为数据驱动的安全风险因素识别和复杂交互机制研究提供新的视角,同时也提供了对海量非结构化安全生产数据深入挖掘并加以利用的有效方法,拓展了文本挖掘技术在安全生产领域的应用研究范围。

(3)矿井生产环境复杂多变,是一个包含人机环管的复杂系统,存在大量的事故属性特征,导致煤矿安全生产风险评价建模难度较大。本书采用多方法集成应用构建一种新的科学的基于煤矿安全事故风险致因属性的风险评价模型,进而对整个煤矿安全风险进行智能评价,一方面将单个灾害风险评价理论体系拓展到整个煤矿安全生产风险评价中,实现对煤矿安全生产风险的有效管理;另一方面也能充分利用海量事故数据背后隐藏的潜在价值信息,推动从数据到知识再到智慧决策的普适过程,降低人为主观因素的干扰,同时提供处理复杂的高维数据的有效方法,演示如何使用描述事故的多属性来实现一个预防事故的有效机制,实现从被动应对向主动预防、从依赖传统经验向基于数据挖掘的智慧决策的转变,极大丰富和完善煤矿安全风险管理理论与方法。

1.3　国内外研究现状及述评

　　煤矿安全风险预控的前提是先全面识别出事故风险源，然后通过技术手段将获得的风险源数据进行挖掘分析，从而根据分析出的不同风险等级采取不同控制措施将其控制在一个可控状态，达到控制煤矿安全风险的目的。本节重点讨论煤矿安全风险因素识别研究和煤矿安全风险评价方法研究现状。

1.3.1　煤矿安全风险因素识别研究

1.3.1.1　煤矿安全风险因素识别研究现状

　　安全生产风险因素识别是开展风险评价、事故预防工作的基础[13-14]。为做好煤矿安全生产风险预控工作，学者们开展了一系列关于煤矿安全风险因素识别的研究。

　　目前煤矿安全风险因素识别主要是基于事故致因理论基础上有效开展的。传统的事故致因理论认为引发事故的主要原因都是与人相关的，如人的不安全行为、煤矿安全管理缺陷等，却忽略了物的因素和环境条件变化等对人的行为的综合影响[15-16]。随着安全生产形势的发展和人们对安全事故致因的不断深入探索，研究者们在传统事故致因理论研究的基础上提出了更加系统化的现代事故致因理论，逐步涉及了人员、机器设备和环境条件类等系统因素，提出了主要从企业的人员、设备、环境、管理等方面对事故致因因素进行系统研究[17]。还有极少数研究运用结构方程模型、解释结构模型、系统动力学、网络分析等方法对识别出的风险因素做进一步层次性、相关性、重要性、复杂的非线性相互作用等方面的深入分析[18-20]。针对煤矿事故的复杂性、系统性、多样性，学者们纷纷采用各种方法从不同角度、不同侧重点对其进行了深入研究，为煤矿安全风险因素识别提供了丰富的研究成果。

　　国外学者，如 Larry 等[21]对煤矿瓦斯爆炸和火灾事故进行了统计分析，然后采用风险清单法对煤矿安全事故风险因素进行归类。Lenné 等[22]采用人因分析与分类系统（Human Factors Analysis and Classification System，HFACS）方法对 2007—2008 年间澳大利亚发生的煤矿事故进行了事故原因分析。Patterson 等[23]采用了同样的研究方法对发生在美国昆士兰州的煤矿事故进行了事故原因分析。Saleh 等[24]依据前人研究和对事故案例分析,总结出美国煤矿事故原因主要来源于人的行为、技术装备和组织管理三个方面。Zwetsloot 等[25]调查了 27 起事故并得出结论,组织管理、安全文化和员工参与对事故预防具有重要意义。由于国外主要产煤国,如美国、澳大利亚等,出于开采环境和地质条件优越、技术装备先进等原因,煤炭行业不属于高危行业,事故发生较少,因此国外对煤矿事故研究相对国内较少。

国内学者,如成连华等[26]在前人研究的基础上,运用结构方程模型对煤矿安全生产影响因素调研数据进行定量分析,得出影响煤矿安全生产的主要原因依次为人的不安全行为、组织管理、物的不安全状态、煤矿固有风险和环境不安全因素。刘东[27]在对典型煤矿事故统计分析的基础上,总结出 7 大类煤矿安全影响因素,分别为自然环境、设备、人员、安全科技、管理、经济、法律监督,并结合系统动力学研究方法,对 7 大类影响因素内部及其之间的因果关系进行了深层次分析,构建了较为完善的煤矿安全影响因子体系。Wang 等[28]对 2010—2014 年山东省 58 起煤矿死亡事故进行了统计分析,建立了包括组织管理、班组长、一线职工、安全文化、井下环境和机械设备 6 个层次 22 个因素的矿山安全指标体系,结合解释结构模型、决策试验和评价试验法计算各影响因素的影响程度、中心性和因果关系,建立层次模型,为提高煤矿安全生产提供了理论依据和方法。李乃文等[29]、董建美[30]分别通过统计方法分析指出我国煤矿事故多发的主要原因是安全投入少、技术人才缺失、素质不高、安全监管体制落后。许满贵[31]在现代事故致因理论基础上,综合层次分析法和人、机、环分析法,对煤矿安全事故致因因素进行了深度分析,建立了煤矿安全评价指标体系。刘文俊等[32]、何刚等[33]主要研究了人的行为对煤矿安全生产的影响;李咏梅等[34]和苏同营[35]从人、机、环、管四个方面更加系统地研究了人的行为对煤矿安全生产造成的影响。韩斌君[36]对若干起瓦斯事故进行归纳总结,得出管理失误是本质原因,人员、信息、物质和环境的缺陷都是间接原因,而员工的不安全行为、物的不安全因素和不安全的环境条件是导致事故的直接原因。田水承等[37]通过文献梳理和访谈方式归纳出违章作业、地质条件、技术水平等 22 项煤矿瓦斯爆炸事故致因因素,并利用解释结构模型对其进行了分层研究。李润求等[38]采用统计法对 1988—2008 年发生的瓦斯爆炸事故进行了统计分析,得出了井下火源致因和瓦斯积聚致因。施书磊[39]根据经验总结了 24 项煤矿瓦斯爆炸事故致因因素。韦刚[40]通过现场调研、访谈和翻阅资料归纳出 39 项煤矿瓦斯事故致因因素。Du 等[41]使用三维仿真技术对煤矿开采过程中潜在的风险因素进行了识别。肖镞[42]通过对历史事故统计和分析,总结出:煤矿安全事故本质原因是人的不安全行为、物的不安全状态;直接原因是人的不安全行为、环境中的不安全因素和设备不安全的状态;间接原因是安全投入不足、管理制度不完善和安全生产信息缺失。在此基础上构建了包含人—机—环—管四个要素的安全预警指标体系。华攸金等[43]为了加强煤矿风险源辨识,从人员、环境、机器设备、管理和信息技术五个方面建立了煤矿安全风险预警指标体系。李春睿等[44]提出包含人、机、环、管四个方面的煤矿安全评价指标体系,该指标体系主要由地质探测、工人操作、安全隐患监测管理、生产工艺、机器设备以及安全管理等指标组成。顾学明[45]运用事故树分析方法对典型的煤矿冒顶事故案例进行了风险源辨识,找出了主要冒顶风险因素及其因素之间的相关关系。还有研究人员从技术、环境、心理、行为和管理等各个方面对煤矿灾害致因机理及治理措施进行了研究,同时取得了丰富的研究成果[46-51]。这些理论和应用研究为进行煤矿安全风险因素识别研究奠定了良好的理论基础。

1.3.1.2　煤矿安全风险因素识别研究述评

通过回顾相关研究成果,现有研究大多都是采用事故案例分析、工作经验归纳、文献梳理、系统调研、专家访谈、层次分析、事故树分析、结构方程分析等基于知识驱动和基于模型驱动的方法来识别和分析风险因素,基于数据驱动的风险因素识别模型还鲜有研究。事故案例分析主要通过统计法和个案研究法对真实发生的事故进行分析来识别煤矿安全风险致因因素,具有真实可靠性。其中运用统计法对事故进行分析可以从总体上揭示事故发生的原因和规律,但其科学性基于从海量的事故报告中进行事故属性提取和统计分析,这不仅工作量巨大而且容易受个人主观影响。面对数量庞大的事故报告以及其中复杂的信息,当前主流的人工统计手段的不足和颓势越发凸显。个案研究法针对个别特定案例进行分析,本身具有局限性,缺乏普遍性。而采用经验归纳、文献梳理、系统调研、专家访谈等来识别安全风险因素则容易因为个人经验和知识局限性,出现因素遗漏、不全面、主观性较强等问题。同时,现有研究虽然从更加系统的角度分析了事故风险致因机制,但仍缺乏对风险致因因素之间的层次性、相关性、复杂的非线性相互作用的研究。

煤矿安全风险因素识别作为一项基础研究,识别出的风险因素和风险因素之间的相互作用关系应该尽可能地全面、清晰,这样在此基础上进行风险评价才能得到更加准确可靠的结果,采取的预防措施才能更加充分、有针对性。事故案例作为对事故危险源集中展示的材料,在对提取可能诱发煤矿灾害的关键风险因素中价值巨大,为了满足涵盖全面的风险致因因素就需要对大量真实事故案例进行分析,目前缺乏对大量非结构化煤矿安全事故案例文本数据深入分析并加以利用的有效方法。因此,充分利用现代信息新技术对事故案例进行挖掘分析,一方面可以减少繁重的统计工作量;另一方面也能充分利用海量事故数据背后隐藏的潜在价值信息,建立基于数据驱动的风险因素识别模型,推动从数据到知识再到智慧决策的普适过程。

1.3.2 煤矿安全风险评价方法研究

1.3.2.1 煤矿安全风险评价方法研究现状

煤矿生产系统是一个具有危险性和动态性的复杂系统,人的不安全行为、物的不安全状态、环境的不安全条件等危险源一直影响和制约着煤矿生产的安全。根据事故致因理论[52],如果事故危险源处于有效控制状态,就能从源头上遏制重大风险,事故就不会发生。为了预防和控制重大风险,增强重大风险防范化解能力,人们进行了大量风险管理研究[53-54]。其中风险评价是风险管理的一个重要课题,也是近年来的研究热点和研究难点。风险评价是在已识别的风险要素基础上采取一定的技术手段评价出可能存在的风险大小,进而为采取有效的预控措施提供决策支持。煤矿安全生产系统风险因素的复杂多样性、动态性与非线性相关性,使得煤矿安全风险评价建模难度大。

最早的风险评价主要出现在保险业、航天工业、化工业、核工业等领域,随着社会的发展,风险评价在传统的煤炭行业也得到了应用。由于煤炭行业在国外发达国家不属于高危行业,同时开采环境不是很复杂,技术装备先进,国外学者和企业对其没有开展太多的研究,用于煤矿风险评价的方法主要分为几大类:灾害伤亡事故统计法、基于概率风险评价方法、基于人机的风险评价与灾害预测法、安全指数法等[55-58]。国内外煤炭赋存条件差异极大,开采机械装备、人员素质、管理水平均不同,国外的评价方法不能满足我国煤矿风险管理要求。我国从改革开放以来就一直十分重视风险评价方法、技术的发展,对于传统的煤炭高危行业,大量专家学者投身于煤矿安全风险评价研究。

如王轩[59]运用更加完善的概率风险评价方法对煤矿瓦斯风险进行了评价,构建了矿井各工作面的危险评价计划表,使管理者更加直观地了解了矿井的安全状态。何叶荣等[60]将粗糙集(RS)与支持向量机(SVM)相结合,对通过专家打分得到的训练样本进行训练、学习,构建了煤矿安全管理风险评价模型,有效提高了评价的准确度和运算速度。王学琛等[61]在调研、访谈、理论分析的基础上提出了一套煤矿安全风险评价指标体系,然后利用层次分析法和熵值法对指标进行分层和赋权,最后运用逼近理想解排序分析法(Technique for Order Preference by Similarity to an Idea Solution,TOPSIS)构建了风险评价模型,模型应用于内蒙古某煤矿,评价结果与矿井真实情况相符。郜彤等[62]基于云模型和层次分析法与灰色关联分析相结合的组合赋权建立了新的煤矿安全风险评价模型,一方面利用云模型方法来解决指标数据的模糊性和不准确性,另一方面利用组合赋权法将专家经验数据与客观数据有效结合,为煤矿安全风险评价方法研究提供了新思路。朱静[63]利用模糊综合评价法在专家打分的基础上计算得到模糊评价矩阵,进一步算出煤矿安全评价综合得分。孙旭东等[64]为了解决煤矿风险评价的模糊性和不确定性问题,构建了基于 Fuzzy AHP 的煤矿安全风险评价模型,为煤矿安全监管和风险评价提供了有效的方法支撑。苏亚松等[65]采用德尔菲法确立了县域采煤矿区安全风险指标体系,结合层次分析法和概率神经网络对县域采煤矿区安全风险等级进行了评价,实证结果表明该方法能够对县域煤矿区安全状态进行有效的评价,对提升县域煤矿区安全一体化监管水平有重要意义。杨军和宋学峰[66]运用网络层次分析法(Analytic Network Process,ANP)建立了煤矿安全生产风险评价模型,对我国煤矿安全风险评价具有积极的借鉴意义。崔铁军等[67]构建了基于 AHP-云模型的巷道冒顶风险评价模型,Wang 等[68]建立了基于模糊层次分析法(Fuzzy Analytic Hierarchy Process,FAHP)和对数模糊偏好规划方法(Logarithmic Fuzzy Preference Programming,LFPP)的新的煤矿安全风险评价方法,为矿山安全管理人员提供了指导。他们在已有的模拟实验和相关文献的基础上,绘制了涉及管理标准、环境标准、操作标准和个体标准的风险因素概念图,在此基础上采用模糊层次分析法对各因素进行了评价和排序,建立了矿山安全管理模型,指导矿山安全管理人员,采用对数模糊偏好规划方法进行数据分析,该方法是煤矿开采过程风险评价中的一种新方法。Meng 等[69]在分析矿工不安全行为特征的基础上,提出了不安全行为风险值的评价方法,并建立了不安全行为的风险评价模型,最后根据风险值得出不安全行为控制的优先级,为瓦斯爆炸事故的有效控制提供了理论依据。田水承等[70]运用集对分析法和危险源分析对煤矿瓦斯安全进行了深入研究,并构建了评价模型,给煤矿安全管理提供了理论指导。吴立云等[71]构建了基于熵权的多层次 TOPSIS 评价模型,对煤矿通风系统进行了评价,在此基础上对煤矿通风系统的安全、技术可行性等方面存在的问题提供了相应的建议。王超等[72]根据煤矿安全生产评价标准,运用 BP 神经网络构建煤矿安全生产风险评价模型并对其进行了验证及应用。Zhang 等[73]运用故障树分析法(Fault Tree Analysis,FTA)结合人工神经网络(Artificial Neural Network,ANN)对矿井开采时煤与瓦斯突出风险进行了有效预测。Sirui 等[74]在研究灰色预测模型和 BP 神经网络的基础上,针对灰色预测模型的不足,使用对非线性系统具有良好预测性能的 BP 神经网络对其进行改进,构建了一种新的瓦斯浓度预测模型,该模型提高了煤矿瓦斯预测准确度。You 等[75]将基于非线性的 t-SNE 高维数据降维方法、遗传算法、支持向量机等与人工智能技术相结合,建立了一种新的煤矿瓦斯风险评价模型,通过人工智能技术降低了人为主观因素的干扰,同时提供了处理复杂的高维数据的有效方法。李爽等[76]将安全态势概念引入煤矿,提出了贝叶斯网络(Bayesian Network,BN)与极限学习机(Extreme Learning Machine,ELM)相结合的煤矿瓦斯爆炸风险二级预测模型,并在此基础上根据风险预测结果获得煤矿瓦斯安全态势的预测值,以反映煤矿中瓦斯爆炸风险的概率及其影响范围,该方法不需要依赖大量的训练数据,同时减少了建模中的主观因素,可操作性高。还有部分学者分析了煤矿安全生产系统的非线性动力学特征,并探讨了具有非线性动力学完整性的神经网络理论和技术在煤矿安全评价中应用的必要性和可行性[77]。

1.3.2.2　煤矿安全风险评价方法研究述评

综上,已经有很多的学者分别采用各种不同的研究方法构建了煤矿安全风险评价模型,也基本建立了煤矿安全事故风险分析和管理的理论框架,为安全风险防控工作提供了方法支持。但从研究安全风险评价以来一直到现在,有关煤矿安全风险评价方法的研究还是相对较少,并且都有一定的局限性。

比如,大多数现有的研究构建的风险评价模型更多是根据人为经验或依赖单指标变量和预设阈值构建的,主要采用基于小样本数据的知识驱动和模型驱动方法进行研究,具有一定的主观性、不全面性和不确定性,缺乏基于数据驱动的风险评价,安全生产大数据利用率不足。

此外,煤炭开采是一个动态、复杂的过程,目前的评价方法相对单一,处理的风险数据类型较少,无法保证评价的准确度,并且风险评价范围大多数都是集中在对单类别灾害事故的评价,如瓦斯、水灾、顶板等,针对整个煤矿安全生产系统的风险评价较少,缺乏构建整个煤矿安全风险评价模型的技术手段。煤炭开采系统由于自身开采环境的复杂性及其变化规律的特殊性等,各种煤矿灾害都有可能发生,所以对煤矿整体安全态势进行评价更是重要并且不可忽视的。

另外,煤矿安全生产的信息来源种类多、规模大、数据分析要求高,使用传统风险识别和评价方法很难及时识别出安全生产过程中的风险信息,也无法确定采集到的各种安全数据之间的非线性关联关系,造成了安全生产监管与控制困难。随着信息技术和物联网技术的发展,现在也出现了将机器学习、数据挖掘、深度学习等新技术引入安全风险管理研究中,但都还处于探索阶段,现有的评价方法的精确度、评价时间、适应度等存在改进空间,现代信息技术的交叉应用不够,还不能达到落地应用,现有文献仍然缺乏对数据集复杂性和人工智能实现的研究。

风险评价早已经成为我国许多重大工程建设中必要的工作之一。但目前风险评价理论和技术在工程中的应用和推广还远远不够,许多实际工程实践中定性的专家分析法仍然是风险评价的主流方法,存在较强的主观性问题,缺乏科学的决策依据。现有风险评价方面的研究无法满足煤矿安全生产需求,探索我国煤矿安全风险评价的新方法势在必行。

1.4 主要研究内容与结构

1.4.1 主要研究内容

本研究将煤矿安全风险因素识别分析和风险综合评价作为主要研究目标,围绕研究目标主要从以下几个方面展开研究:

(1)煤矿安全风险因素挖掘及数据集构建

事故案例作为对事故风险源集中展示的材料,在对提取可能诱发事故灾害的关键风险因素中价值巨大,但目前研究利用程度偏低。相比于当前主流的人工统计事故手段的不足和颓势,文本挖掘技术可以高效地抽取文本中具有价值的信息,因此引入具有强大性能的可自动对大量非结构化事件文本数据进行内容分析的文本信息挖掘方法,可以对大量煤矿事故案例进行高效、客观的挖掘分析,进而有效地识别煤矿安全生产风险因素。

首先,针对中文煤矿事故案例文本高度非标准化、非结构化的特点,对传统文本挖掘流程进行改进,通过中文分词、关键词提取、相关词语挖掘、相关词语语义分析、事故风险因素成分聚合等挖掘步骤,对收集的近十年的煤矿事故调查报告进行挖掘处理,从中全面系统地识别出导致煤矿事故发生的煤矿安全风险因素。同时,在此基础上,利用布尔模型将高度非结构化的案例报告文本数据进行量化表达,从而获得结构化的煤矿事故风险致因信息布尔数据集,为后文基于数据驱动的煤矿安全风险分析提供数据基础。

（2）基于关联规则与贝叶斯网络的煤矿安全风险因素关联性和重要性分析

事故的发生通常是由各种风险因素相互作用造成的,遏制住其中的关键风险因素和关键风险因素之间的传播路径就能有效预防事故的发生。因此,在通过优化的文本挖掘识别出煤矿安全风险因素基础上,创新性地将关联规则挖掘与贝叶斯网络相结合,进一步探究风险因素之间的复杂交互机制具有重要意义。首先,采用关联规则挖掘中经典的 Apriori 算法对煤矿事故风险致因信息数据集进行数据挖掘,以期获得影响事故发生的频繁风险因素集和因素之间潜在的强关联规则。然后,引入贝叶斯网络技术,以关联规则挖掘结果为基础构建煤矿事故贝叶斯网络拓扑结构,以致因数据集进行网络参数学习。最后,通过网络敏感性分析、关键路径分析以及统计频率分析,得到影响煤矿安全生产的主要风险因素及其关联风险因素集,为有针对性地进行煤矿安全风险因素的联合防御管控、提高风险防控效率提供理论依据。

（3）建立 t-SNE 和 ACRO-ELM 相结合的煤矿安全风险评价模型

本书以煤矿事故风险致因信息数据集为基础,通过非线性的 t-SNE 技术、人工化学反应优化算法（Artificial Chemical Reaction Optimization,AC-RO）和极限学习机（Extreme Learning Machine,ELM）相结合,对大量煤矿安全历史事故数据进行数据挖掘,建立一种新的基于数据驱动的煤矿安全风险评价方法,对煤矿潜在威胁状态进行预测。

首先,由于煤矿安全事故存在大量的风险致因属性特征,数据集存在维度过高、规模过大、复杂度很高的结构特点,进行机器学习训练时易出现数据存在多重共线性、模型复杂度过高导致过拟合、训练时间成本过高等问题。为从评价效率、评价准确性两方面对评价过程进行进一步优化,引入基于非线性的 t-SNE 高维数据降维技术对模型原始输入进行特征降维处理来减少数据集维度以降低评价算法复杂性,并通过与主成分分析(PCA)降维方法进行对比分析,确定最优降维模型。然后,为提高 ELM 泛化能力及稳定性,通过人工化学反应优化算法优化极限学习机来评价煤矿安全风险状态,通过分析模型在预测效果、误差分布、时间成本等方面的表现证明引入 t-SNE 和 ACRO 的风险评价模型可以提高挖掘任务的效率,改善预测精确性等学习性能。

(4)煤矿安全风险控制方案研究

基于煤矿安全风险控制目的及流程,从风险动态评价实施方案、风险响应控制措施、煤矿主要风险因素防御管控措施和煤矿安全风险管控平台设计四个方面提出具体的基于风险识别与评价的煤矿安全风险控制方案,从而指导煤矿企业有效开展安全生产风险预控管理工作,实现将风险遏制于萌芽阶段。

1.4.2 结构

围绕上述研究内容,本书的结构框架如下:

第1章绪论,通过文献查阅分析和对煤矿企业走访调查总结煤矿安全生产风险管理研究现状和存在问题与不足,在此基础上明确研究目的与意义,提出本书研究项目的研究内容、研究方法和研究路线。

第2章相关理论与研究方法综述,通过文献综述对煤矿安全风险管理理论、社会技术系统理论和系统风险管理框架进行介绍,同时对文本挖掘、关联规则挖掘、贝叶斯网络、特征降维方法、极限学习机等本书拟采用的风险识别与评价方法的研究应用情况及其适用性进行阐述总结。

第3章基于文本挖掘的煤矿安全风险因素识别,对文本挖掘技术处理文本数据的基本流程和采用的方法进行介绍,提出传统文本挖掘流程挖掘煤矿事故案例存在的问题与不足,由此提出改进的基于相关词语挖掘的文本挖掘流程对所收集的近十年煤矿事故调查报告进行挖掘处理,从中全面系统地识别出煤矿安全事故风险因素,并利用布尔模型将高度非结构化的案例报告文本数据进行量化表达,建立煤矿事故风险致因信息布尔数据集。

第4章煤矿安全风险因素重要性与关联性分析,采用 Apriori 算法对煤矿事故风险因素进行关联规则挖掘,并根据挖掘结果分析风险因素间因果关联特点;利用因素间关联规则挖掘结果与专家经验构建贝叶斯网络结构,通过基于该网络的敏感性分析、关键路径分析以及统计频率分析,得到影响煤矿安全生产的主要风险因素及其关联风险因素集。

第5章基于数据驱动的煤矿安全风险评价,将 t-SNE 技术与人工化学反应优化算法优化极限学习机相结合,建立一种新的基于数据驱动的煤矿安全风险评价方法,并与主成分分析降维方法、GA-ELM 以及未引入 t-SNE 的 ACRO-ELM 评价方法进行对比。

第6章煤矿安全风险控制方案研究,分析煤矿安全风险评价方法在实际生产环境中实施的困难所在,提出评价指标的量化收集、风险响应控制、主要风险因素防御管控以及煤矿安全风险管控平台设计的新的风险控制方案。

第7章结论与展望,总结全书的主要工作内容、研究结论和研究创新,并提出后续研究方向。

1.5 技术路线

本书融合煤矿安全风险管理理论、社会技术系统事故模型、文本挖掘、关联规则挖掘模型、贝叶斯网络、人工化学反应优化算法和极限学习机等作为理论指导,采用事故案例分析、文献查询与综述、调查研究、理论分析、算法优选等研究方法,基于优化的文本挖掘、关联规则挖掘和贝叶斯网络以及极限学习机等先进计算机技术,开展煤矿安全风险因素识别与风险综合评价研究。技术路线如图 1-4 所示。

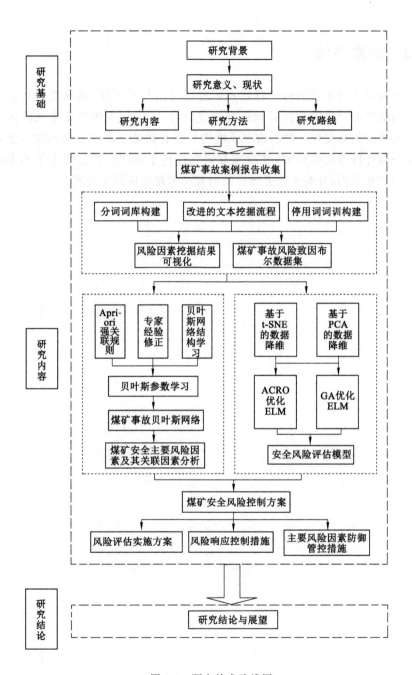

图 1-4 研究技术路线图

1.6　本章小结

本章首先对本书的研究背景和研究意义进行了阐述,指出将现代信息技术与煤矿安全风险预控管理进行深度融合,并应用于煤矿安全风险因素识别与评价的必要性。然后梳理了国内外已有的关于煤矿安全风险因素识别和风险评价方法的研究,并对现有研究进行了述评。最后提出了本书的研究内容和结构,并对本研究项目的研究技术路线进行了说明。

2

相关理论与研究方法综述

2.1 煤矿安全风险管理

2.1.1 安全风险管理

安全风险指生产过程中可能发生的危险事故,它客观地贯穿于整个人类社会发展过程。为了将我们生产系统中面临的风险控制在可接受范围内,保证安全生产,出现了安全风险管理,这是社会发展的必然产物。"防患于未然""居安思危"都是最原始的风险管理思想的意识体现,随着社会的进步,风险管理逐渐发展成了一门利用各种科学方法研究风险发生规律和风险控制的新型交叉学科。

安全风险管理是一个复杂的系统工程,主要包括安全风险辨识、安全风险评价、安全风险处理、监督检查等流程,从开始风险因素识别到最后风险控制措施有效性检查形成了一套完整的风险控制闭合回路。

安全风险辨识是安全风险管理的基础,目的是找出将会影响组织安全生产的所有风险因素。在风险识别过程中,如果遗漏了重要的风险因素将导致风险管理过程存在漏洞,因此让具备专业知识的人员参与到风险识别过程中,同时借助先进的风险识别工具和技术来保证风险因素识别的全面性,对整个安全风险管理过程至关重要。

安全风险评价是采用现有的定性、半定量、定量三类方法对识别出的风险因素进行预测评价,判断分析它对人员、设施设备、环境等产生的影响,确定风险程度，为后续安全风险处理提供决策依据。单风险因素评价简单可行，多风险因素综合评价由于生产系统的复杂性，风险因素具有耦合性、非线性相互作用性等特征，因此评价建模难度大、复杂度高，但是考虑了因素之间的关联性使得评价结果更精确，因此现在很多企业在安全风险管理中常将两种评价方式相结合。

安全风险处理是针对安全风险评价结果，进而采取有针对性的风险控制措施，确定风险处理方案，这是风险管理过程的最终目的。

监督检查是对风险识别、评价、控制过程的常规检查和监督，通过沟通和记录对具体的风险管理手段进行优化和改进，确保安全风险管理措施的有效性。

2.1.2　煤矿安全风险管理发展历程

煤矿生产系统是一个极其复杂的动态系统，在对安全生产有着更高要求、更高标准的新时代背景下，煤矿企业迫切需要对生产过程中存在的风险进行有效管理，这也是煤炭行业进入高质量发展、可持续发展道路的前提。

我国从20世纪90年代就开始比较系统地探索煤矿安全风险管理体系，但前期的实践效果并不理想。煤矿安全管理经历了由主要的事后响应转化为对过程和源头的事前预防管理的发展过程，在这期间先后提出了煤矿本质安全管理、煤矿安全风险双重预防、煤矿智能安全风险预控等煤矿安全风险管理理论。

2007年，国内学者在参考国外先进煤矿安全管理经验的基础上，提出了以风险预控[78]为核心、以切断事故致因链为手段、以人员的不安全行为管理为特色[79]的煤矿本质安全管理理论[80-81]。从而将本质安全理念引入煤矿风险管理体系之中[82-83]，研究构建了煤矿企业本质安全管理系统，着力实现了人员无差错、设备无故障、系统无缺陷、管理无漏洞的风险预控管理目标，在许多煤矿企业取得了较好的实践效果[84-85]。

随着煤矿安全管理水平和从业者素质的提升，对煤矿安全保障的认识更加全面，煤矿安全管理的对象和重点逐步过渡为涵盖"人、机、环、管"的整个生产系统，形成了以风险分级管控和隐患排查治理为核心的双重预防机制[86]。煤矿企业安全风险管理体系逐步完备，有力促进了重大风险防控工作水平的提升。如神华宁夏煤业集团有限责任公司清水营煤矿在风险预控体系建设过程中，运用"工作任务分析法""事故树分析法""矩阵分析法"，结合矿井安全生产实际情况,进行危险源辨识,对危险源进行风险评价和等级划分[87],制定相应的管理标准和管理措施,通过分级管控,强化安全管理,建立事故隐患防范机制,使危险源辨识、隐患排查治理制度化、规范化,保证了安全生产。

目前,在基于双重预防理论体系基础上,提出了突出源头治理,依托人工智能、大数据等现代信息技术,在煤矿智能化建设基础上逐步实现以煤矿风险源自主识别、隐患智慧排查和灾害智能评价预警为核心的煤矿智能安全风险防控理论和技术体系。得益于人工智能、大数据等新一代信息技术和通信技术的快速发展,信息和数据已经成为各行各业安全风险防控普遍采用的重要依据与手段。因此,信息的获取与分析非常重要,一定程度上,信息的拥有量和分析处理效能已经成为决定和制约现代信息技术应用于安全生产风险防控的重要因素。煤矿安全涉及的信息数据来源广泛,有效利用煤矿安全大数据,对这些海量数据进行集成与分析,是真实反映矿井安全状态的可靠方法和手段,可以在最大限度上避免人工干预,将数据获取层面的人为因素对矿井安全风险防控的干扰降到最低程度,为煤矿安全风险防控和决策模型的构建与应用提供可靠的数据支持。因此,煤矿安全风险防控以大量、准确的基础信息为保障,通过数据、技术挖掘与分析煤矿安全大数据中潜在的安全风险基础信息,为煤矿安全风险智能防控提供数据支撑,是非常必要和迫切的。

基于风险管理的理论与实践研究成果,研究者们分别采用不同研究方法从不同视角对与煤矿安全生产相关的风险源分类、风险因素识别、风险评价、风险预警、风险应对进行了深入研究并取得了丰富的研究成果。但目前关于煤矿安全生产风险因素辨识和风险评价研究仍然没有形成一套统一有效的理论体系,相应方法的可操作性也需要改进,需要从新的研究视角探讨信息化时代煤矿安全风险管理研究新思路。

2.2 社会技术系统事故模型

2.2.1 社会技术系统理论

1951 年,伦敦塔维斯托克(Tavistock)社会研究所的 Trist、Bamforth 及其同事在研究使用长壁采煤法进行煤炭开采的生产效率问题时,发现煤矿企业中的技术系统(如机械化设备和采掘方法)和社会系统之间有相当大的影响关系,因此提出了社会技术系统理论(Social Technical Systems Theory,STS),指出社会子系统和技术子系统相互关联,一起组成系统,并在其工作环境中共同实现系统目标[88]。社会技术系统理论侧重于整个系统而不是单独的组件,充分考虑社会和技术层面的所有组成并研究各子系统间的相互作用[89]。

所有的系统理论都是关于系统各组成部分之间的相互依赖关系,社会技术系统受社会系统、环境系统和技术系统的综合作用,其中:社会系统又细分为个人子系统和组织子系统,主要包括组织中工作的个体、个体的生理与心理、团队、工作技能以及相互间的关系等;环境系统包括社会和技术系统运行相关的自然和社会环境;技术系统包括生产工具、技术、装备、作业标准等。各子系统的组成要素之间存在着高度非线性相关性、紧密耦合性。社会技术系统理论的发展是为了解释机械化引入煤矿、纺织和其他工业后对人类和组织的影响,其本质是技术和人有效结合,认为新技术是社会变革的发起点,而人和组织是组成支撑新技术发展的社会环境,对社会变革有着重要影响,它们之间相辅相成,相互依赖。

信息和通信技术的快速发展导致了各个生产性组织系统的高度集成和耦合,社会技术系统理论是解释系统行为最有力的方法之一,它的运用既能构建更加全面的事故致因体系,又能更好地分析不同层次间各因素的复杂交互作用。因此在20世纪90年代,它开始被应用于研究航空航天、铁路、核电、化工等领域的安全生产事故风险控制问题。如孙爱军等[90]建立了社会技术理论致因分析模型,分别从社会和技术干预的角度分析了事故致因因素。Svedung和Rasmussen[91-92]对社会技术系统进行了结构化事故致因分析,提出了AcciMap事故分析方法。张津嘉等[93]基于社会技术系统理论对瓦斯爆炸事故进行了研究分析,建立了从风险源、作业情境、煤矿企业、行政部门、政府等5个层次探究的事故致因分析模型,为瓦斯事故风险管理和控制提供手段。

煤矿安全生产系统是一个典型的包含人—机—环—管的复杂社会技术系统,各子系统之间有着紧密的耦合关系及错综复杂的交互关系,因此从社会技术系统理论出发对于我们深入剖析煤矿企业安全生产的风险结构及其作用机理有重要的借鉴作用;进一步从社会技术系统视角分析煤矿安全事故风险致因,有助于分析清楚煤矿生产系统中宏观与微观间各层级因素的关联作用关系,进而提高社会技术系统控制煤矿灾害事故风险的整体功能。

2.2.2　社会技术系统风险管理框架

为了更好地解释在一个动态的社会中大规模工业事故的发生发展方式,研究者们建立了各种事故模型用于事故分析,主要经历了连锁事故因果模型、流行病学事故因果模型、系统性事故因果模型三个阶段[94]。其中具有代表性的是由 Rasmussen 提出的社会技术系统风险管理框架,它是典型的基于系统理论的事故模型,代表了近 40 年来对复杂系统风险管理的系统研究的顶峰[95-97]。

技术变革的快速步伐、计算机化和通信技术所促成的高度结合,以及经济和政治气候的波动等因素都造成了一种环境,在这种环境中,影响工作做法的压力和限制因素不断变化。传统的建模方法,如任务分析,不能作为理解实际工作实践的参考,因为它们依赖于一个稳定的、严格约束的环境的假设[96]。当今社会的动态特性已经极大地改变了理解高风险社会技术系统的结构和行为所需的模型类型。Rasmussen 观察到这些现象后指出了社会技术系统风险管理框架来帮助充分理解这些系统是如何工作的,或者为什么它们有时会失败。

社会技术系统风险管理框架提供了社会技术系统的层级划分,各层级通过控制和反馈形成垂直的信息流闭环系统,阻止系统在外部动态破坏力的作用下向安全边界迁移,其主要包括结构和动态两部分[95]。结构部分是描述复杂社会技术系统中各组成要素的结构层次,代表性层次(政府层、监管层、公司层、管理层、员工层、工作层)结构如图 2-1 所示,当然不同的行业在分类上会有所差异,应该根据实际情况进行调整。从图中可以看到这些跨层次的相互依赖形成了一个闭环反馈系统,这对整个系统的成功运行至关重要,它受到政治家、首席执行官、经理、安全官员和工作计划人员等所有参与者的决定的影响,而不仅仅是一线工人。因此,安全或事故的威胁可能是由于复杂社会技术系统的各个层次缺乏垂直整合(即不匹配)而导致的控制丧失,而不仅仅是任何一个层次的缺陷,所有的层次都在保持安全方面发挥着关键的不同的作用,这意味着安全威胁或事故通常是由多种因素造成的。

另外从图 2-1 右侧可以看到,一个复杂的社会技术系统的各个层次越来越多地受到各种外部压力的影响。在一个动态的社会中,这些外部力量

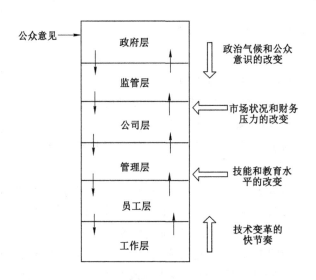

图 2-1　社会技术系统层次模型

比以往任何时候都更强大,变化也更频繁,这就是风险管理框架的第二部分内容,动态化。Rasmussen 提出可以影响复杂社会技术系统行为的动力主要有个人无法接受的工作量、经济约束以及安全法规和程序。经济压力会产生成本效益梯度,从而影响个人采取更具经济效益的工作策略;工作量压力导致工作量梯度上升,从而促使个人改变工作方式以减少认知或体力劳动,这些经济和心理力量不可避免地导致人们找到最经济的方式来完成他们的工作。复杂的社会技术系统中的工作实践不是静态的,它们将随着时间的推移而迁移,这可以发生在复杂的社会技术系统的多个级别,而不仅仅是一个级别。事故的释放是由工作实践中系统诱导的迁移和触发事件结合导致的,而不仅仅是一个不寻常的行动或一个全新的、一次性的安全威胁。

　　煤矿事故是由复杂的煤矿安全生产系统中各个风险要素相互作用导致的,需要用系统的安全思想对其进行研究。煤矿生产系统是典型的社会技术系统,因此采用 Rasmussen 的风险管理框架对煤矿事故进行分析具有重要意义。

2.3 拟采用的风险识别与评价方法

2.3.1 文本挖掘

文本挖掘(Text Mining)是数据挖掘的一个分支,是当下文本信息处理领域的研究热点[98],能够进行类似文本文件这种半结构化或非结构化数据的处理和分析。它以智能算法为基础,辅以文字处理技术,通过抽取复杂的文本源的关键字、词语间的关联度等方式来获得所需的文本特征信息,进而从中发现新的知识以及有价值的潜在信息[99-101],与传统的处理结构化数据的数据挖掘技术大不相同。目前,文本挖掘在医学[102]、互联网[103]、情感分析[104]等方面获得了较好的运用。

基于文本挖掘的这种特点,近年来,已有少量学者将文本挖掘技术应用于事故案例文本数据分析来探究复杂系统的安全事故原因[105-106]。如,Gao等[107]开发了一种 verb-based 文本挖掘方法,从网页版的交通事故报告中提取了 945 起汽车交通事故的原因和结果,有助于了解交通事故发生的真正原因。Nayak 等[108]基于抓取的事故数据报告分析了城市交通事故的主要原因,显示出交通设施优化与道路线路规划的重要性。Liu 等[109]利用自然语言处理(NLP)和文本挖掘技术,对管道事故数据进行挖掘来理解事件背后的影响因素和原因。Qiu 等[110]将文本挖掘技术与复杂网络相结合,探索煤矿事故致因机制。通过对 307 份事故报告的文本挖掘,识别出 52 个主要事故致因因素,并基于因素间的强关联规则构建了煤矿事故致因网络,为从事故报告数据中识别事故成因及其复杂的交互机制提供了新的视角,可用于实际的风险分析和事故预防。Raviv 等[105]利用文本挖掘和 k-means 聚类分析了 212 份与塔式起重机相关的 near-miss 和事故报告发现,在塔式起重机领域,技术故障是最危险的风险因素。Singh 等[111]通过对主动性和反应性数据(事件记录)的文本挖掘,确定了 9 个最频繁发生的事故路径和相应的预防策略。李珏等[112]运用文本挖掘技术挖掘了 528 起建筑业高处坠落事故报告,识别出 32 项高处坠落事故致因,再结合关联规则挖掘算法分析了致因因素之间的因果关联性,为预防建筑行业高处坠落事故提供了参考。Jie等[113]利用文本挖掘方法对事故报告数据进行挖掘来进一步分析安全风险问题。吴伋等[114]通过对大量的船舶碰撞事故调查报告进行文本挖掘处理,有效识别出水上交通事故成因。Kim 等[115]结合文本挖掘技术和主成分分析法研究火灾事故，推断出施工区域火灾事故的季节性因素。针对非结构化的重大交通事故调查报告文本数据，韩天园等[116]采用文本挖掘技术对该事故数据进行结构化处理，得到交通事故致因数据集，在此基础上利用社会网络分析技术构建了道路交通事故机制层级模型，进一步分析出直接原因、间接原因和根本原因，为保证复杂交通运输系统的安全提供了辅助决策支持。薛楠楠等[117]利用文本挖掘技术对建筑安全事故调查报告进行分词和特征降维处理，进而识别出建筑工人不安全行为以及不安全行为的影响因素，并通过共现网络将影响因素进行分级，为管理者如何有效管理工人，减少工人不安全行为提供依据。Esmaeili 等[118]利用文本挖掘技术从 1 000 多份建筑施工事故报告中获取事故属性特征值并对其进行统计分析，最终识别出建筑施工事故风险因素。针对典型高风险的地铁工程复杂项目，有效的安全风险管理至关重要，李解等[119]利用文本挖掘技术对地铁施工安全事故报告进行分词、特征项选择、向量空间模型构建、共现规律识别，从非结构化文本数据中挖掘分析出地铁施工安全事故的关键致险因素，为安全风险预控管理提供参考。

从以上研究可以看到，文本挖掘技术可以帮助人们从大量非结构化的生产资料、事故文本中挖掘识别导致事故发生的致因因素及潜在关联，从而提高预防事故的效率及准确性，目前已经用于交通运输、建筑施工、煤矿生产、地铁施工等领域的研究中。但由于近两年才开始兴起，所以现在研究还相对薄弱，在煤矿安全领域的应用尚处于探索阶段。中国煤矿事故报告尚未形成统一的报告格式；受到个人表达习惯的影响，存在文本中表述方式的高度不确定性问题；具有强烈的非标准化、非结构化特征，导致自然语言处理过程较为困难，极大降低了文本挖掘方法的可行性；常规的文本挖掘流程无法有效地识别一项事故原因的不同表述方式；未考虑事故报告中存在表述方式高度不确定性的问题。因此在煤矿安全事故风险致因因素识别研究中引入文本挖掘技术，需要不断改进优化，提出一种具有强大性能并对操作者先验知识具有较低需求的新的文本信息挖掘方法，以对煤矿事故案例进行高效、客观的分析，进而有效地提取煤矿安全事故的特征属性，这对于煤矿安全风险的评价乃至煤矿安全风险的防控具有重要的意义。

2.3.2　关联规则挖掘

数据爆炸时代，对收集的数据进行深层的挖掘分析已经成为一种发展趋势。关联规则挖掘(Association Rules Mining)由 Agrawal 在超市购物篮分析中首次提出[120],是研究数据库中项集之间潜在的互相关联的方法,它是反映事物之间依赖性和相关性的数据挖掘方法之一,也是目前数据挖掘领域最活跃的研究方向之一[121]。

自从 1993 年关联规则概念提出以后,学者们针对不同的数据类型和用户需求提出了多种不同的关联规则挖掘算法,其中最基本的可用于关联规则挖掘的算法包括 Apriori 算法、频繁模式树(FPT)算法和基于约束的关联规则挖掘方法。Agrawal 等[122]提出的 Apriori 算法是一种在数据集中直接挖掘关联规则的方法。它采用了鲁棒的候选生成方法,并引入了新的剪枝技术,这使得 Apriori 算法相对于其他算法更加高效。Apriori 方法的另一个优点在于它能够避免计数不频繁的候选项集时的精力浪费。此外,剪枝技术极大地减少了候选项集,从而减少了计算和内存需求。由 Han 等[123]引入的 FPT 算法避免了候选生成过程,相反,它只使用两次数据集传递来生成频繁项集,这使它比 Apriori 算法更快。然而,尽管 FPT 算法有其优点,但并不适合增量挖掘,在交互式挖掘系统中,用户可能会对关联规则挖掘中使用的阈值进行更改,因此很难将其用于交互式挖掘系统中。关联规则挖掘中使用的最后一种基本方法是基于约束的关联规则挖掘方法。基于约束的关联规则挖掘的概念是通过确保它们满足某些用户指定的约束,只识别那些用户感兴趣的规则。这种约束的一个例子是项约束,它对用户感兴趣的项或项的组合的选择施加一些限制。

在这些算法中,最广泛使用和被广泛接受的是 Apriori 算法,因为它更基本,涉及一种精确的、迭代的逐层搜索方法[124]。Apriori 关联规则挖掘算法是一种用于发现多维隐藏数据集中有意义连接的关联分析方法[125-126],能从大量事故数据中发现导致事故不确定因素间的关联特征,从而识别因素间的因果关系,辅助管理者进行决策,逐渐成为事故影响因素分析的热点和活跃的研究方向之一,已经成功应用在了很多不同的领域。如,Hong 等[127]使用 Apriori 算法研究高速公路危险品运输事故与驾驶员性别、天气和线路等的关系。刘双跃等[128]利用改进的 Aprior 算法对煤矿安全隐患进行关联规则分析,从而能够快速准确地找到不易让人察觉的隐患。为了充分利用塔吊事故信息来减少塔吊事故的发生,况宇琦等[129]提出利用改进的适合多维多层事故关联规则挖掘的 Apriori 算法深入挖掘塔吊事故关联规则,找出塔吊事故特征,为建筑施工安全管理人员提供辅助决策。刘文恒[130]利用适合多分类变量的 Aprior 算法挖掘分析了公路交通事故致因间的关联关系。陈述等[131]将短语提取技术和 Aprior 算法相结合,对水电工程中积累的大量隐患排查文本数据进行有效挖掘,找出隐患间的关联规则和隐患排查的重点,对安全隐患防范和治理具有理论和现实意义。南东亮等[132]利用 Aprior 关联规则挖掘算法对电网二次设备运行状态的风险评价指标进行筛选,筛选出重要度高的指标组成评价指标体系,然后构建组合赋权-云模型的风险评价模型,该方法有效提高了风险评价准确性和科学性。高扬等[133]使用关联规则挖掘方法对收集的近年来发生的 224 件直升机事故案例进行挖掘,得到导致事故发生的频繁致因因素和致因因素间的强关联规则,为有针对性地防控直升机事故提供建议。徐晓楠等[134]通过对北京 2000—2006 年间发生的火灾事故案例的关联规则分析,发现了火灾起火时间、原因和起火地点间相互的关联性。叶颖婕[135]通过关联规则算法找出交通事故的各种影响因素之间隐含的关联关系,从而为决策者的工作提供依据。Geurts 等[136]利用关联规则挖掘技术研究了黑点的碰撞模式和特征。Yu 等[137]使用关联规则识别影响威斯康星州道路交通事故模式的因素。他们的研究结果表明,当天气晴朗、路面干燥时,致命车祸的概率会增加。Das 等[138]利用关联规则研究了雨天条件下的交通事故模式,研究表明,15—20 岁的年轻司机在光照条件差和道路弯曲的情况下更容易发生意外事故。Xu 等[139]发现,缺乏经验的超载公交车或重型车辆司机更有可能卷入严重事故,这和不适当的驾驶和超速有关。Hong 等[140]应用关联规则挖掘技术发现货运卡车碰撞数据中的隐藏模式和关系。生成的规则表明,在冬季,过度超速与卡车事故高度相关,而与道路段相关的事故与司机的误操作和道路几何形状有关。在交通安全领域,Montella[141]和 Evelien 等[142]使用关联规则挖掘技术,分别使用 274 起事故和 399 起事故数据集,探索城市环形交叉口事故的成因因素。在确定影响高速公路出口匝道和中间交叉路口逆行驾驶事故模式的因素时,Das 等[143]使用了一个包含 1 419 次碰撞的数据库。Weng 等[144]也采用关联规则挖掘技术分析了 371 套工作区域伤亡数据,以识别工作区域事故风险的模式和成因因素。

通过以上文献可以看到,很多研究人员已经将他们的注意力转移到使用关联规则来挖掘事故和影响事故发生的因素之间的重要模式上。与参数化方法相比,这种非参数机器学习方法不依赖于任何假设或先验知识,它们易于使用,并能提供易于理解的结果。参数化方法依赖于特定的假设,这可能会导致预测精度低的问题。煤矿灾害事故的发生往往涉及多种因素,而这些因素往往相互关联[145]。为了预防煤矿灾害的发生,分析煤矿事故与事故风险因素之间的内在联系是十分必要的。因此,本书使用 Apriori 算法,对大量的煤矿事故风险致因数据进行挖掘,挖掘风险致因因素之间隐藏的关联规则,对揭示煤矿风险事故的致因因素间相互关联和相互作用有重要的意义。

2.3.3 贝叶斯网络

贝叶斯网络(Bayesian Network,BN)是有向无环图和概率论的结合,由节点、节点间的关联和条件概率表组成[146]。贝叶斯网络分析方法对于解决事件的多态性和逻辑关系不确定的大型复杂问题具有很强的优势,是针对复杂系统中不确定知识的有效因果分析工具[147]。随着理论的发展,BN 已成为不确定推理领域最有效的理论模型之一[148-149]。对于复杂的安全系统工程,贝叶斯网络模型的构建及分析是不断深入剖析具体致因因素、因素之间的因果关系及其条件概率分布的过程。由于 BN 有许多优点,如,适合小而不完整的数据集,不同的知识来源的组合,建立变量之间因果关系的能力,以及决策分析的不确定性的显式处理等[150],其在概率安全评价和风险分析中得到了广泛的应用[151]。

如,Ma 等[152]采用贝叶斯网络模型对 2015—2016 年中国 839 辆危险品卡车碰撞事故的影响因素进行了综合研究。他们发现,速度是导致追尾事故的一个重要因素;驾驶员行为和事故地点与翻车事故相关,特别是在低等级道路上超速时;司机的年龄和运输危险品的数量与车祸的严重程度有关。Ma 等还指出,天气对涉及危险品的车辆碰撞有重大影响,这些事故在夏季很普遍,在多云或下雨的天气条件下发生的几率很高。同样,他们的数据也表明,疲劳驾驶导致了 62% 的夜间交通事故。这些发现与 Zhao 等[153]基于贝叶斯网络模型进行的研究一致。他们解释说,影响涉危物质车辆事故的主要因素是车辆和道路设施的特点、人为因素以及危险物质的停放和装载。Wang 等[154]利用 BN 对城市埋地燃气管道失效概率进行了分析,结果表明该方法能够识别安全关键因素。Kabir 等[155]将模糊逻辑引入 BN 进行油气管道安全评价,进一步发现了油气管道失效的最重要原因。Afenyo 等[156]提出了一种使用 BN 分析北极航运事故情景的方法,并确定了潜在事故情景的最重要的导致因素。Hänninen[157]讨论了 BN 在海上安全建模中的使用,并得出结论,BN是一个非常适合使用多个数据源进行海上安全管理和决策的工具。贝叶斯网络(BN)作为一种分析工具,还可以与其他分析方法相结合,如故障树、模糊理论、德尔菲法等,使事故分析中的评价更加有效[158]。综上,由于贝叶斯网络具备较强的不确定性分析能力,同时具有分析速度快、效果好的特点,在诸多领域都已经发挥了巨大的作用。

随着安全生产系统中大量数据的可用性不断提高,数据驱动方法越来越多地被用于复杂安全生产系统风险的识别、评价和预测,如机器学习方法和基于贝叶斯的模型已经证明了其适用性,并且基于人工神经网络(ANN)、支持向量机(SVM)、深度学习(DL)等的智能算法用于风险评价和预测的趋势也在不断增长。尽管这些算法有许多优点,但其中一个根本的限制是过度拟合,即它们纠结于因果关系,甚至很难做出简单的因果推断[159]。理论上这些模型能够通过足够的例子将问题的一般分布编码到它的参数中,然而,在现实世界中,由于训练数据中无法控制和未考虑到的因素,分布通常不是恒定的。使用更多的示例来训练模型可能会解决这个问题,但是,同时不断增长的环境空间和不断增加的复杂性使模型不可能覆盖所有的示例。缺乏对因果关系的理解是目前基于机器学习算法的应用局限于理论层面而不能大量落地的主要原因。

在复杂的煤矿安全生产系统风险预控工作中,研究影响安全生产的风险因素及其之间的因果关系是不可忽视的。基于贝叶斯网络的分析方法可以充分地以概率的形式捕捉现实世界中的因果关系,在研究复杂安全生产系统中事故风险致因机理方面显示出了良好的潜力。因此,利用贝叶斯网络分析方法对煤矿安全风险致因进一步研究,弥补利用机器学习算法进行风险评价时存在的无法确定风险因果关系的缺憾,在风险评价结果上能更快地锁定出现的关键问题,能采取更有针对性、更快速的风险预控措施。

2.3.4 极限学习机

极限学习机(Extreme Learning Machine,ELM)是由 Huang 等提出的一种新的单隐层前馈神经网络学习算法,与传统的前馈网络学习算法相比,具有学习速度快、泛化能力强、算法更简单和最少的人工干预等优势[160-161]。在过去的几十年中,前馈神经网络因其明显的优点而在许多领域得到了广泛的应用。一方面,它可以直接从输入样本逼近复杂的非线性映射;另一方面,它可以为许多自然和人工现象提供模型,这是经典参数化技术难以处理的。但由于前馈网络各参数层之间存在依赖关系，需要对前馈网络的所有参数均进行调优，这就导致前馈神经网络学习算法极耗时。ELM 作为一种新的单隐层前馈神经网络学习算法，它的本质是随机分配隐含节点的学习参数，由于隐含层的权值和隐层偏置是随机分配的，不需要调整，而输出的权值是通过简单的数学操作解析确定的，因此训练新的分类器所需的计算时间很短[162-163]，在实验模拟中，ELM 的学习阶段可以在数秒内完成，而在这之前，似乎存在一个虚拟的速度障碍，大多数经典的学习算法都不能突破。此外，传统的神经网络学习算法（如 BP 算法）需人工手动调整控制参数，而 ELM 是完全自动实现的，无须迭代调优，理论上无须用户干预[164-165]。同时，经典的基于梯度的学习算法为了避免出现过拟合、学习速率不合适和局部极小等问题，需要经常使用权重衰减和早期停止等方法，而极限学习机通常不存在这些问题，这使其学习算法的复杂程度要低于大多数前馈神经网络[166-167]。鉴于以上这些优点，ELM 成为目前最流行的前馈神经网络之一，在大多数情况下，其比经典的前馈神经网络学习方法具有更好的性能。目前在航空、公路、建筑、煤矿等诸多领域中都有着广泛应用。邱俊博等[168]建立了基于 ELM 的尾矿坝浸润线预测模型，对尾矿坝浸润线高度进行了短期预测，并将预测结果与应用 BP 神经网络和改进灰色神经网络进行预测的结果对比，得出 ELM 具有更高的预测精度的结论。田虎军等[169]通过基于 ELM 的瓦斯涌出量预测模型对煤矿瓦斯涌出量数据进行挖掘进而预测煤矿瓦斯涌出量，这对保障煤矿瓦斯安全具有重要意义。他们将该模型应用于永安煤矿，发现其在对瓦斯涌出量预测中比 BP 神经网络具有更高的精确度，该方法的提出与应用为风险评价预测研究提供了新的参考。潘华贤等[170]构建了基于 ELM 的储层渗透率预测模型，并将其预测能力与 SVM 进行了比较，结果表明 ELM 无论在泛化能力还是在运算效率上都比 SVM 更胜一筹。陈芊澍等[171]分别使用 ELM 和近似 SVM 方法对裂缝带发育状态进行了预测，预测结果表明，ELM 的分类效果比近似 SVM 好的同时，训练效率也更高，实现了利用多种地震属性对储层裂缝带进行综合预测。此外，ELM 还成功地应用于模式识别、预测与诊断、图像处理等领域。为了避免扰动或多重共线性带来的不利影响，Li 等[172]提出了一种基于脊回归（RRELM）的增强 ELM 进行回归。Malathi 等[173]提出了一种基于组合小波变换-极值学习机（WTELM）技术的新方法，用于串联补偿输电线路故障区段的识别、分类和定位。Zhao 等[174]提出了一种基于偏最小二乘的极限学习机(称为 PLS-ELM),以提高水质估计的准确性和可靠性。Li 等[175]开发了一种高效的基于 ELM 的 RTS 游戏单位生成策略评价模型,该模型可以隐式地同时处理单位交互和生成序列。Li 等[176]提出了一种有效的计算机辅助诊断方法,基于主成分分析(PCA)和 ELM 的辅助甲状腺疾病诊断系统。综上,ELM 比 BP 神经网络和 LS-LVM 等传统分类器具有更短的计算时间、更好的性能和泛化能力。

ELM 具有更低的计算时间、更好的性能和泛化能力等优点,但也存在因输入权重和隐层偏置的随机选取所带来的不确定性问题以及处理大规模数据集容易出现过度拟合、性能降低等问题,因此引入其他方法的支持是进一步提高 ELM 可用性的重要手段。

2.3.5 人工化学反应优化算法

在过去的二十年里,软计算方法领域有了巨大的发展,包括人工神经网络(ANN)、极限学习机、进化算法和模糊系统等,这种计算智能能力的改进增强了对复杂、动态和多元非线性系统的建模能力[177]。目前这些软计算方法已成功应用于数据分类、财务预测、信用评分、投资组合管理、风险水平评价等领域,并发现有显著的效果。人工神经网络、极限学习机等机器学习技术是用软件来模仿人类大脑学习的方式和人的行为过程,解决非线性问题,这使得其在复杂系统的计算和预测中得到广泛的应用。它们的新奇之处在于能够发现输入数据集中的非线性关系,而无须预先假设输入和输出之间的关系,同时还允许模型的自适应调整和问题的非线性描述。这些优点吸引了研究者将其应用于复杂安全生产系统风险评价、预测中。但这些机器学习也各自存在一些缺点,如学习速度慢、内存容量大、容易陷入局部最小值、随机性大等,影响风险评价预测的准确性。这些缺点迫使许多研究者将群优化、遗传算法以及基于其他自然和生物搜索技术开发出来的优化算法与神经网络、支持向量机、极限学习机等机器学习技术相结合来开发混合模型,以提高模型性能。其中受自然启发的基于种群的算法,如遗传算法、粒子群优化(PSO)、差分进化(DE)和进化算法(EA),已经显示出它们作为用于预测目的的学习算法的潜力。然而,它们的表现可能因研究对象不同而有所不同。因此,选择一个合适的优化技术来解决一个特定的问题至关重要。这些优化技术的效率表现在参数的调整上,为了提高算法的收敛性,需要适当地微调参数,这使得算法难以使用。为了寻找全局最优解,该算法需要选择合适的参数,因此采用参数少、计算量少、逼近能力强的优化技术将是提高预测精度的最佳选择。

人工化学反应优化(Artificial Chemical Reaction Optimization,ACRO)是 Albert Lam 和 Li 提出的一种基于种群的元启发式优化算法,是一种受自然化学反应本质启发的进化优化技术,它通过模拟化学反应中分子之间的相互作用进行优化,将数学优化技术与化学反应的性质进行了结合[178]。元启发式算法是一种利用简单方法作为搜索和优化问题的解决技术的算法,正变得越来越强大,越来越流行[177]。ACRO 这种优化方法包含全局和局部搜索功能,不需要使用局部搜索方法来细化搜索,具有搜索能力强、高效且多样化的特点。与其他优化技术不同,它不需要很多必须在开始时指定的参数,只需要对初始反应物的数量进行定义就可以了。同时因为初始反应物分布在可行的全局搜索区域内,最优或接近最优的解只需要经过很少的迭代就能得到,这减少了大量的计算时间,具有简单通用、鲁棒性强、自学习、自组织、自适应等特征。人工化学反应优化方法相比其他自然计算方法,其优势在于需要人工设置的参数少,算法简单易实现,在面对组合优化、函数优化,特别是高维多模态函数的单目标优化问题时,具有鲁棒性强、收敛速度快等优势,可以有效地避免陷入局部最优[179-180]。

近年来,ACRO 已成功用于解决许多复杂问题,并且人们发现其性能优于许多其他基于进化种群的算法。将人工化学反应优化算法与遗传算法、模拟退火算法、阈值接受算法和粒子群优化算法的效率进行了比较,发现化学反应优化算法的效率更高,它可以很容易地适应于多目标优化等问题[181-182]。James 等[183]用 ACRO 替代基于反向传播的神经网络训练来解决分类问题,仿真结果表明,基于 ACRO 的神经网络优于遗传算法和支持向量机等优化技术。部分研究人员将 ACRO 用于机器学习算法的参数优化,能够提高算法运算效率和模型预测性能。如,Nayak 等[184]提出了一种人工化学反应神经网络(Artificial Chemical Reaction Neural Network,ACRNN),利用人工化学反应优化(ACRO)训练多层感知机(Multilayer Perceptron,MLP)模型预测股票市场指数,为了检验 ACRNN 方法的表现,他们收集了 7 个不同股票指数的历史数据,时间长达 15 年。经过大量的实验,可以观察到 ACRNN 方法在预测精度上比 MLP 方法有显著的提高。罗颂荣等[185]利用人工化学反应优化算法对支持向量机的参数进行优化,构建了基于人工化学反应优化算法的支持向量机评价模型用于旋转机械故障诊断。分析结果表明,ACRO-SVM 方法不但具有较高的故障诊断精度和较好的泛化能力,而且时间消耗短,故障诊断效率高,有利于实现在线智能故障诊断。

ACRO 能够克服收敛、参数设置和过拟合的问题,在财务预测、任务调度等问题上得到应用并证明了其有效性。目前应用于安全领域的风险性评价预测较少,本书将 ACRO 与 ELM 相结合用于评价煤矿安全风险等级来填补这一研究空白。

2.3.6 非线性 t-SNE 降维算法

2003 年,Hinton[186] 提出了随机领域嵌入(Stochastic Neighbor Embedding,SNE)算法,它主要是利用不同空间的条件概率关系来构建的一种新的非线性降维算法。2008 年,Maaten 和 Hinton[187] 对 SNE 算法进行了优化,提出了一种基于增强随机领域嵌入的 t-SNE 算法,改进了 SNE 不对称的问题,并利用 t 分布解决了 SNE 降维过程中出现的降维结果拥挤问题,同时还实现了数据可视化。t-SNE 考虑数据之间的相互关系(如距离),将数据点之间的高维欧氏距离转换为表示相似度的条件概率,计算数据点在高维空间和低维空间的概率相似度,试图在低维空间还原高维空间的相互关系,建立起高维空间数据点在低维空间的映射关系,从而更好地解析高维数据中所隐含的信息。它作为现在先进有效的非线性降维算法之一,在极大的概率下可以对所有的高维数据进行降维处理[188]。由于该算法可以更好地应对全局和局部之间的转换,同时保留数据的局部和全局结构,所以比其他线性降维更加精准,能够提供更好的结果。

因为它具有将高维数据扩展到低维的非凡能力,所以这种技术现在在机器学习社区中非常流行。例如,冯蕊等[189] 将 t-SNE 应用于评价晋北地区的地下水水质,实验结果表明,与传统的评价水质方法相比,该方法的经验依赖度更低,从而可以减少评价过程中的主观因素并提高准确性。Pouyet 等[190] 使用 t-SNE 作为涂料颜料高光谱数据的降维方法。Song 等[191] 在一项研究中,利用改进的 t-SNE 对遥感数据进行降维。Zarzar 等[192] 为了降低模型计算的复杂性、提高系统效率,将 t-SNE 算法应用于 DNA 生物芯片基因表达数据的降维当中,以此为基础通过复合立方体迭代随机投影方法来解决检测早期非小细胞肺癌的问题。结果表明,维数降低模型与机器学习算法的组合可以有效地用于早期特定非小细胞肺癌肿瘤类型检测。Ullah 等[193] 采用 t-SNE、k-均值聚类和 XGBoost 三种方法相结合对短期岩爆风险进行预测。首先,采用最先进的数据降维算法 t-SNE 来降低岩爆数据库的维度问题;其次,采用 K-means 聚类将 t-SNE 数据集分成不同的聚类;最后,利用 XGBoost 对各级短期岩爆数据库进行预测,该模型的计算结果可作为未来短期岩爆水平预测的基准。

在大数据时代,分析处理海量高维数据已成为生产生活中的常态。之前在面对低维数据时拥有较好性能的算法用于处理高维数据时,由于自身性能受限问题,可能不再具备适用性和优势。因为原始的高维数据难免会存在诸如冗余、噪声干扰等问题,这为算法对高维数据的分析带来了困难,使其无法很好地挖掘数据的本质特征,进而导致得到错误的结果。另外,高维数据的复杂度使得计算过程也变得很复杂,往往需要更长的时间。因此,本书引入基于非线性的 t-SNE 高维数据降维方法来降低数据集维度,以提高预测模型的预测效率和准确度。

2.4　本章小结

本章对安全风险管理、社会技术系统理论、社会技术系统风险管理框架进行了详细介绍与说明,并对煤矿安全风险管理发展历程进行了详细梳理。另外,对本书运用的现代信息技术研究方法,如文本挖掘、关联规则挖掘、机器学习、优化算法、t-SNE 等进行详细阐述,包括方法优缺点、方法适用性和现有研究应用情况等。这些内容为本书后续的研究内容提供了理论支撑和研究依据。

3

基于文本挖掘的煤矿安全风险因素识别

对煤矿安全生产风险因素进行全面科学的识别,是对煤矿安全生产风险进行有效评价的先决条件,也关乎着煤矿企业隐患排查治理工作的有效性和可靠性。从过去的事件中学习的关键是找出事件的潜在原因和促成因素,因此通过对煤矿安全事故案例进行详细分析和深度挖掘来识别影响煤矿安全生产的风险因素,进而构建有效的安全风险评价指标体系,一直以来都是一种可靠而有效的途径。目前,面对大量的案例文本,人工统计分析所耗时间太多,在这一过程中统计人员的疏忽和主观性也无法避免。同时随着事故案例报告的不断丰富,人工统计的困难也将不断增大,在成千上万的非结构化、非标准化的文本描述中搜索有价值的潜在信息不仅是乏味的,而且几乎是不可能的,当前主流的人工统计手段的不足和颓势越发凸显。由此,提出一种具有强大性能的可以自动对大量事件文本数据进行有效深入分析的文本信息挖掘方法,以对煤矿事故案例进行高效、客观的挖掘分析,进而有效地识别出煤矿安全生产风险因素,这对于煤矿安全风险的评价乃至煤矿安全风险的防控具有重要的意义。

对此,本章引入文本挖掘技术对大量的煤矿事故案例文本进行挖掘处理,从中提取具有价值的信息。考虑到煤矿事故案例文本高度非结构化、非标准化的特点,本书对传统的文本挖掘过程进行了优化,通过中文分词、关键词提取、相关词语挖掘、语义分析、事故风险因素成分聚合等挖掘步骤,解决传统文本挖掘流程在挖掘事故风险致因过程中存在的关键特征信息提取不全、词库构建复杂、冗余相近表述等问题,高效全面地分析提取煤矿事故案例报告文本数据中蕴含的风险致因信息,实现非结构化事故案例数据向结构化事故风险基本信息转变，为文本挖掘技术在煤矿真实生产场景下的应用提供了思路。

3.1　文本挖掘技术及基本流程

文本挖掘技术是一种将大量非结构化文本数据进行转化，从而提取其中有价值的知识的方法，通常这些知识并非是精确的数据，而是某种定性的规则，且其表达方式不尽相同，诸如概念、规律或是模式，这一过程往往通过文本分类、聚类分析、文本特征分析、趋势预测等手段来完成[194-195]。文本挖掘并不是专门指代某一种特定的方法或技术，而是涵盖了数据库、文本识别、统计学、数据挖掘乃至机器学习、深度学习等诸多领域的技术，并由这些不同领域的方法来共同驱动。

传统的文本挖掘流程包括文本收集、文本预处理、信息挖掘、结果可视化等步骤，如图 3-1 所示。通过多维度的信息收集，为后续分析提供全面的大文本数据支撑；并通过一系列预处理技术将大文本碎片化，继而借助各类降维算法，剔除语料中的冗余信息，保证信息的价值密度；在此基础上，通过关键词计算、聚类分析、数据挖掘等手段，将文本中的关键知识提取出来，并进行可视化表达，从而获取海量文本中的可用信息。

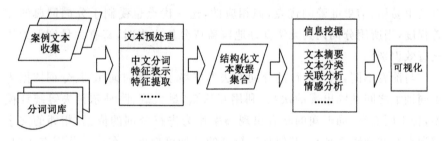

图 3-1　文本挖掘基本流程

3.1.1　文本收集

文本收集是文本挖掘过程的起点，信息收集的真实、全面与否关乎着后续挖掘分析结果的可靠性。文本挖掘技术相比于人工处理具有多种优势，往往应用于大数据、大文本量的分析中，这意味着对文本的收集过程提出了更高的要求，与之相应的，包括爬虫、文字识别在内的一系列技术也成为取代人工收集的更好的选择。

本研究中,对于案例文本的收集正是利用爬虫技术爬取煤矿安全生产网等网站上的典型案例报告,以及通过文字识别技术自动录入纸质介质当中的事故案例报告两种方法来完成的。对于来自于不同的渠道和介质的文本,在对其进行知识挖掘前首先需要进行相应的预处理。

3.1.2 文本预处理

3.1.2.1 中文分词

对于中文文本而言,由于其采用连续文字的中文表达方式,词汇间不存在诸如英语中的空格的直观分隔方式,因此通过分词处理将完整的中文语料切割为独立的词语,是中文文本预处理的第一步。当前主流的中文分词方法主要有三种,即基于词典的分词方法、基于统计的分词方法以及基于理解的分词方法。

基于词典的分词方法由三个要素组成:中文分词词典、文本扫描策略以及文本匹配原则。其中,中文分词词典一般来源于高校实验室的分词词库、企业的细胞词库以及使用者自定义的分词词库;文本扫描策略主要包括正向扫描、逆向扫描两种;而文本匹配原则主流为最大匹配、最小匹配、逐词匹配等方法。目前,基于词典的分词方法仍是中文分词领域当中的主流,其具有简单易用、结果准确的优点,但相应的,这一优点也受制于分词词典的完善程度,当所用分词词典无法良好地覆盖待分析文本时,将有大量词汇无法被有效识别。

与前者不同,基于统计的分词方法不依赖于成熟的词库,其分词依据为不同词汇之间共同出现的次数,利用互信息、最大熵、隐马尔科夫等统计模型,将不同文字、词汇间的联合出现频率作为进行分词的依据,相邻的文字或词汇的共现频率越高,其便具备越高的成词可信度。在这一分词方法中,对不同文字或词语间联合出现的频率进行统计,并根据过往的经验或实验结果为其设定阈值,当两个文字或词语的共现频率高于该阈值时,即可认定两者的组合为一个词汇。然而,这种分词方法的效果依赖于频率阈值的设定,同时,为获得可靠的统计结果,该方法对语料的准备提出了极高的要求,这一方面需要充分的语料资源,另一方面又需要依赖于过往研究的成熟统计分词模型,否则难以获得准确的分词结果。

基于理解的分词方法的核心思想为,通过机器学习技术使计算机模拟人类来执行分词过程。该方法以大量的经过语义、句法等标注的训练语料为基础,将其作为训练语料以完成计算机的自学习过程。相比于基于统计的分词方法,这一手段对于训练语料的需求更加巨大,同时在语料的准备过程中进行完整的标注需要消耗巨量的资源,因此这一分词方式仍尚未成熟。

对于以上三种中文分词方法,由于目前煤矿领域鲜有对于文本挖掘技术的研究与实践,同时煤矿事故报告尚未形成统一报告格式,文本存在表述方式高度不确定性的问题,且有效案例数量有限,基于统计的分词方法以及基于自理解的分词方法都不具备充分的应用条件,因此,在本研究中仍采用相对成熟的基于词典的分词方式。

3.1.2.2 特征表示及提取

分词处理后的文本仍是非结构化的,特征表示是文本数据向结构化数据转换的阶段。这一过程利用描述性特征(大小、形状、类型、名称等)和语义性特征(内容、标题等)等特征项来代表文档,并通过目前主流的特征项加权函数词频-逆文档频率来计算特征项权重。

词频-逆文档频率(TF-IDF)由词频(TF)和逆文档频率(IDF)两者计算而得到。词频用于描述特征项在文档中出现的频次,经由根据不同文本分词后特征项的数量进行归一化处理,从而在一定程度上消除了文本长度对于特征项的权重计算的影响,某特征项的权重会随着其在某一文档中出现的次数而增高。特征项 t_i 的词频计算公式为:

$$\mathrm{TF} = \frac{n_{i,j}}{\sum_k n_{k,j}} \tag{3-1}$$

其中,$n_{i,j}$ 为词语 t_i 在文件 d_j 中出现的次数,$\sum_k n_{k,j}$ 表示文件 d_j 中所有词语出现的总次数。

逆文档频率用于描述特征项在文档中的识别度,对某一特征项而言,其逆文档频率越大,表明其在语料库中具有越高的独特性。通俗而言,在一个语料库中,某一特征项在越多的文档中出现,那么该特征项具有越低的逆文档频率。特征项 t_i 的逆文档频率计算公式为:

$$\mathrm{IDF} = \log \frac{|D|}{|\{j : t_i \in d_j\}|} \tag{3-2}$$

其中,$|D|$ 为语料库中文件总数,$|\{j : t_i \in d_j\}|$ 为语料库中包含词语 t_i 的文件数。

词频-逆文档频率结合词频与逆文档频率各自的优势,综合考虑某一特

征项在语料库中的权重和其独特性,特征项 t_i 的词频-逆文档频率计算公式为:

$$TF-IDF=TF\times IDF \tag{3-3}$$

通过这一特征项权重计算方法,在案例文本中经常出现而不具备实际意义的特征项将因权重过低而被忽略。如"煤矿"一词,其在所有案例文本中均有出现,则其词频-逆文档频率的数值为 0。若某一特征项具有较高的词频-逆文档频率,则代表其在某一文档中具有较高的特征权重,而在语料库中其他的文档中出现次数较少,因此,这一特征项足以真实地表示其在该文档中的特征属性。进一步计算这一特征项在所有文档中的词频-逆文档频率,从而反映其在整个语料库中真实表示其特征属性的程度。

特征提取是在特征表示的基础上,对分词得到的海量特征项进行降维的过程。由于分词得到的特征项维度过高,不便于后续的知识挖掘,因此剔除其冗余特征项、保留具有高信息密度的特征项具有重要的意义。在中文文本预处理过程中,根据特征项长度以及词频-逆文档频率来对特征项进行提取是常用的方法。

3.1.2.3 文本表示

在文本特征提取的基础上,文本表示过程利用数据分析模型将具备非结构化特征的中文文本转化为计算机能够进行识别分析的结构化数据,这是准确而实用地进行后续知识挖掘的重要条件,主流的文本表示模型为向量空间模型。依据该模型,一条煤矿事故案例文本即为一个文档,经由分词处理,即得到该案例文档的特征项,如此,每篇案例文档均由多个特征项构成,即:

$$Document = D(t_1,t_2,\cdots,t_n) \tag{3-4}$$

其中,t_n 表示文档中的特征项。

对于拥有 n 个特征项的文档,根据特征表示的结果,其每个特征项的特征权重均被计算得到,反映了其在该案例文档中的重要性,由此,该文档可表示为:

$$Document = D((t_1,w_1),(t_2,w_2),\cdots,(t_n,w_n)) \tag{3-5}$$

其中,w_n 为特征项 t_n 的特征权重。

在利用向量空间模型来进行表示的案例文档中,其各个特征项 t_n 之间互异,同时不体现其在文档内部的具体位置,也就是说,这些特征项之间不存在先后顺序。通过这种方式,在案例文档的向量空间模型中,特征项 t_n 可

视为 x 轴,而其对应的特征权重 w_n 即为 y 轴,由此,将事故案例文本转化为结构化数据。

3.1.3 信息挖掘

对文本信息的挖掘是文本挖掘技术应用的主要目的,该流程是在文本预处理过程所形成的结构化的向量空间模型的基础上进行的。主要的信息挖掘方法包括:文本摘要、文本分类、关联分析、情感分析等。

文本摘要是在文本进行分词、特征提取的预处理之后,通过词频分析、关键词提取等手段以最直观的方式对特征项进行统计分析的过程。提取具有最高词频的特征项或文本的关键词是反映文本主题思想或关键信息的重要途径。

文本分类是利用统计方法、机器学习、深度学习等技术,以处理得到的语料库为训练材料,通过学习构建对文本的自动分类的模型。这一方法在不同领域中的文档归类、入库整理中具有重要的应用。

关联分析是通过挖掘语料库中两个或多个特征项之间潜在的属性、关系以及规律,从而发掘文本间隐含的知识,最终确定不同特征项之间的紧密联系。这一方法在探究要素与要素间的因果关系方面具有较为广泛的应用。

情感分析是以情感分词词库为基础,通过对文本中主观性语句进行识别、对情感关系进行抽取以及对情感特征进行分析,从而对文档情感进行判断。基于这种方法,可以判断文本所表达的对某一事物的态度,常用于分析产品用户评论等领域。

信息挖掘的方法并不局限于上述几种,同时信息挖掘方法的选用也不存在定论,在文本挖掘技术的应用中,应根据文本主要内容、信息挖掘的方向来选择合适的信息挖掘方法。

3.1.4 结果可视化

对文本中有价值的知识进行挖掘的最终目的是将得到的信息通过可视化的方式进行展示,从而保证分析者能够对其进行高效而准确的分析和理解。文本挖掘结果常通过可视化工具、模式浏览器、图形用户界面以及查询语言等依托于计算机图形学、图像处理基数的工具来进行由文本信息、数据信息等向图像信息的转化。由于文本挖掘过程所获得的知识并不一定都是准确而有价值的,需要对这些知识进行评价,并删除其中冗余或无关信息,结果可视化作为知识挖掘结果的最后一步,可以直观而快速地帮助分析者对挖掘结果进行评价。若挖掘结果存在偏差,通过这一方式可及时进行反馈,从而返回文本挖掘过程的前面步骤,并执行诸如重新确定数据集合、改变数据处理方法、优化参数等操作,从而最终得到具有高价值的挖掘结果。

3.2　传统文本挖掘流程存在的问题与不足

对煤矿安全事故案例进行智能分析,从中全面而系统地识别煤矿事故风险因素对于煤矿安全生产风险预控工作意义重大。相比于传统的人工统计方法,文本挖掘技术可以在海量非结构化、无规律文本中高效地抽取具有价值的潜在信息,但其挖掘知识的能力并不是无限的。对于部分领域内的文本,由于缺少统一的编写格式、用词规范,其表述与格式的非标准化、非结构化程度会极大影响文本挖掘技术的效率和准确性。例如"中国煤矿事故报告"的编制尚未形成统一的报告格式和用词标准,在煤矿事故案例报告中,因不同编写者具有不同的表达习惯,同一项事故风险因素的表达方式可能存在极大的形式上差异。例如:隐患排查不细、隐患排查治理工作不认真、安全隐患排查流于形式、隐患排查工作不到位、事故隐患未组织排除、安全隐患失察等表述和应力叠加集中、地质应力高、构造应力集中、高应力集中区、较高的构造应力等表述,在本质上其所表达的煤矿事故风险因素是相同的,但在基于词典的分词过程中,不同表达方式无疑会被分成不同特征项进行分析。结合实际,这会导致使用文本挖掘技术对文本进行挖掘时存在以下问题:其一,因无法构建足以覆盖所有特征项不同表述方式的完整且庞大的分词词典,而无法完整地识别所有特征项,致使事故风险致因要素挖掘不完整、案例致因梳理不完全;其二,即使构建了较为完整的分词词典,由于特征项过多的表述方式,使得在文本表示过程中关键信息的权重被极大稀释,这不利于文本关键特征信息的有效提取和后期文本数据向结构化数据的有效转换。

现有的基于文本挖掘技术的安全事故案例报告分析研究中,极大部分采用进一步人工处理的方式,大量的人工干预主要作用于两个部分。其一是分词词库的构造,现有研究多采用:分词—观察分词结果—根据结果补充分词词库—再分词……的循环流程,直至得到理想的分词结果。毫无疑问,在诸如煤矿安全这类文本挖掘技术研究较少、缺少成熟的事故案例报告分词词典的领域,为了能够准确而全面地提取文本中所有出现的特征项,通过对极大量文本进行反复分词、分析、添加词库直至获得理想的分词词库的过程,对于操作者的专业知识要求极高,同时也将耗费大量的时间和精力。其二,就算是在经过反复分词、分析、添加词库等大量工作后获得较为理想的分词词库,经过文本预处理之后,也得人工提取得到所有曾在语料库中出现的不同表达形式的特征项,并通过人工整理的方式将前述同类事故风险因素的不同表述方式归并为同一类,以共同表达该项事故的风险致因。由于煤矿事故案例报告文本量大、表述方式多样,经过文本预处理得到的有效特征项的数量也是较大的,在成千上万条特征项中将同类特征项进行归并同样是极为烦琐且复杂的过程。因此传统的中文文本挖掘流程在对煤矿事故案例报告处理的过程中,相比于传统的人工统计方式,在人力消耗、时间花费等方面并不具备充分的优势,这也使得在煤矿事故案例报告具有规范化编纂标签之前,文本挖掘技术在对其的分析处理很难得到有效的应用。

非结构化文本中表述方式高度不确定性的问题会导致自然语言处理过程较为困难,极大降低了文本挖掘方法的可行性,如何利用文本挖掘技术对煤矿事故报告中的文本特征进行挖掘,无遗漏地将煤矿事故风险因素都识别出来成为需要解决的重要问题。针对这一问题,本书对中文文本挖掘过程与方法进行了优化,从而为文本挖掘技术在煤矿安全领域当中的应用提供了思路。

3.3　基于相关词语挖掘的中文文本挖掘流程设计

为解决文本挖掘技术在处理高度非结构化、非标准化中文文本时所存在的问题,本书对传统文本挖掘过程进行优化改进,通过中文分词、关键词提取、关键词相关词语挖掘、相关词语语义分析、事故风险致因成分聚合等步骤,以实现在复杂中文文本中对各类煤矿事故风险因素的全面提取以及同种类、不同表述方式风险因素的有效聚合。具体流程如图 3-2 所示。

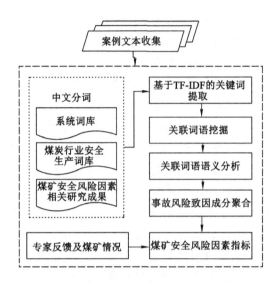

图 3-2　改进的文本挖掘流程

3.3.1　中文分词

如前文所述,本书采用目前相对成熟的基于词典的分词方法,这一方法的关键在于构建完整、准确的分词词典,优秀的分词词典是准确提取文本中有价值的信息的前提。除如 JiebaR 等分词引擎自带的基础词典以外,高校实验室所公布的分词词典、企业所发布的各类细胞词典、用户自定义词库等,都是分词词典的重要补充。

在用结巴分词(Jieba)精准分词模式对煤矿事故案例文本进行分词处理时,由于缺乏煤矿安全生产领域知识,分词结果往往会出现把领域专业词分割成多个单词的情况。例如,将"安全隐患排查"分为"安全""隐患""排查"三个小粒度词。因此为了准确分割煤矿事故案例文本,得到更好的分词效果,需要构建煤矿事故分词词典来定义领域专业词,如"安全隐患""隐患排查""安全监管部门"等。本研究构建煤矿事故分词词典的基本思路是:首先收集整理搜狗细胞词库中的《煤矿灾害预防词库》《矿山工程词库》《安全工程词库》《煤炭能源词库》《采矿工程》等多个煤炭行业安全生产公共词库中的专业词汇和《哈工大文本挖掘常用词库》,去除其重复值作为基础分词词库的补充。然后采用文献检索方法在知网和 Web of Science 两大期刊索引数据库中检索近年来发表主题为"煤矿事故致因""煤矿事故影响因素""煤矿安全风险评价指标体系"等与煤矿安全风险因素相关的文献,再通过文献质量、文献重要程度、文献被引率等筛选出关键文献,对文献中研究得到的影响煤矿生产的风险因素相关术语进行记录,并进行分词化处理以补充至词库当中。这一过程通过以下步骤来完成:① 将研究中所整理的影响煤矿生产的风险因素整理为待分词文档;② 利用基础词典、煤炭行业安全生产词典、高校词典所组合而成的复合词典对文档进行分词处理;③ 将分词结果中已存在于复合词典中的要素去除,同时删除错误分词结果,将剩余分词结果作为补充加入词典当中得到最终的分词词典。

需要指出的是,在煤矿事故分词词库构建过程中,试图通过添加诸如"重大安全隐患跟踪落实不到位""人员位置监测系统无法正常运行""不执行'一炮三检'和'三人连锁爆破'制度"等具备描述完整事故风险致因的分词短语来实现对案例报告文本中的事故致因信息的自动识别是不现实的。正如前文所述,煤矿事故案例报告中对于同一致因的描述存在多种表达方式,以完整的致因短语作为分词元素所需要构建的分词词库的体量将是难以估计的,这一问题所带来的不可操作性也是本书针对传统文本挖掘流程在煤矿事故案例挖掘中进行改进的重要原因。

同样,在分词过程中,对停用词的去除处理同样是不可或缺的步骤。停用词是指在信息检索中,以节省存储空间、提高搜索效率为目的,在自然语言的处理过程之后所需要过滤掉的字或词。在文本挖掘技术中,停用词就是在文本中具有较高出现频率,但并不具备功能意义,在对文本所表达的主旨内容进行分析时没有价值的词语。去除停用词就是在分词结束后,将这些无意义的词语删除的过程。在文本挖掘中,停用词通常分为两类。一类是中文表达中常用但往往不具备具体含义的词语,如介词、副词、连词、助词等在语句中具有特殊结构功能的词语,例如"与""的""和""等"等词语。另一类则是文本中出现的标点符号和非固有词组中出现的数字等。以煤矿事故案例为例,"6040 巷采工作面因停电停风"一段文本中,数字"6040"表示的是巷采工作面的编号,对于煤矿事故风险致因的普遍性分析并不具备实际的含义,因此这类元素也会被归为停用词。

与分词过程类似,停用词的去除依赖于停用词库的构建。同样地,停用词库的构建主要依赖于系统基础词库、外部词库以及使用者针对性补充三种途径。研究中,选取了《百度停用词列表》《哈工大停用词表》等外部停用词库,同时,对于煤矿案例中所出现的对煤矿事故风险致因分析不具备实际意义的词语,将其加入停用词库当中。以待分词语句"三是特种作业人员配备不足,安全员、瓦检员均只有 3 人"为例,其被分割为"三""是""特种作业""人员配备不足""安全员""瓦检员""均""只有""3 人",其中"三""是""均""只有""3 人"词汇对于事故致因信息的分析并不存在实际意义,因此可以将其补充至停用词库当中,这样可以很大程度上减小索引结构。

3.3.2 关键词提取

在文本挖掘中,关键词是能够在较大程度上反映文本所隐含的信息及其特征的词语,也就是在文本中具有重要意义的词汇。关键词往往可以展现待挖掘文本中的关键内容,因此是对文本中有价值的信息进行抽取的有效的突破口。

与特征项提取相同,关键词提取是依据分词结果中所有特征项的 TF-IDF 取值来进行的。对所有特征项的 TF-IDF 值进行计算并排序,将其取值位于前 10% 的特征项提取为此语料库的关键词,以供后续分析。需要说明的是,由于原始文本量过大,分词词典和停用词词典难以完全覆盖文本中的所有词语,因此分词结果的特征项中也不可避免地存在部分对于煤矿事故致因分析不具有意义,且未在去除停用词过程中被剔除的特征项,其可能具有较高的 TF-IDF 取值从而影响后续的分析,因此,在提取关键词结束后,应从关键词集中对这类特征项做剔除处理。例如"区域工作面""经济损失""事故原因"等不反映任何事故风险信息的特征项。

3.3.3 关键词相关词语挖掘

如前文所述,一方面,由于煤矿事故案例文本表述方式缺少统一的标准,差异极大,同一煤矿事故风险致因在不同案例中的表达方式各不相同,在所有案例中将所有事故风险致因的不同表述方式提取出来以聚合成为一条统一的风险致因信息,在面对海量的案例文本的情况时是不具备可行性的。另一方面,原语句中无法避免地存在语气词、副词、助词等不具备实际含义的停用词,也会导致同一种煤矿风险致因的表述方式产生差异。针对这种情况,在分词过程中会将停用词去除,但这一过程将导致原本的语句结构被打碎,使语句中的元素以独立的特征项的形式存在。以待分词语句"相关监管部门对辛家煤矿日常监督检查落实不到位"为例,其经过分词及去停用词处理后,将被拆分为"监管部门""日常""监督检查""落实""到位",显然，对于每个单独的特征项，若不进行进一步的关联组合，将无法反馈任何有效的事故致因信息。因此在信息挖掘阶段，分析的对象只能是以特征项形式存在的单独的元素，而无法对完整的事故致因进行提取。

针对以上问题，利用有效的分词过程将原文本打碎，再将具有关联的词语进行组合以获得具有完整意义的事故致因语句是一个可行的手段。一个词语 A 的相关词语是指，在文本同一语句中可以与词语 A 共同组成具有完整含义的词或语句，两者之间的相关程度通过相关系数来表示，相关系数用于反映两个特征项语义的关联性，其取值与在语料库中两个词语联合出现的频率正相关。语料库中词语 A 出现的语句中，另一个词语出现的频率越高，其与词语 A 便具有越高的相关系数。在文本挖掘领域，特征项之间的相关系数由两者在语料库中共现的频率所决定。相关系数越大，表明两个特征项在语料库中曾作为一个语句的成分共同出现的可能性越大，两者便具有越紧密的联系，这也意味着包含这两个特征项的风险因子更有可能出现在事故报告中。通过计算每项关键词与所有其他特征项的相关系数，筛选其中相关系数大于某一特定取值的特征项，作为该关键词的相关词语，以为后续的事故风险因素组合做准备。这一过程利用 R 语言 tm 工具包中 findAssocs 函数对每一个关键词与其他特征项的相关系数进行计算。

3.3.4 相关词语语义分析

确定了关键词以及每项关键词的相关词语，接下来需要对这些特征项进行有效的组合以确定文本蕴含的煤矿事故风险信息。由于大部分关键词的关联词语都具有不同的词性、含义，在对特征项进行组合前，其与关键词的关联方式是首先需要被确定的。本书将关键词的相关词语根据语义分为"子系统"和"偏差"两类。"子系统"与关键词组合成导致事故发生的主体对象，例如，关键词"地质"，其关联词语中，"条件""构造""水文"等都可归入"子系统"的范畴。"偏差"是主题对象在事故发生的过程中处于的异常状态，例如关键词"隐患排查"，其关联词语中，"治理""整改""落实"等都属于"偏差"的范畴。此处需要说明的是，煤矿案例报告中关于描述事故发生原因的信息，采用的都是否定表达，为了减少分词处理后特征项的数量，提高挖掘效率，在文本预处理时将否定词都剔除了，因此将此处的偏差自动理解为"整改不到位""落实不到位""治理不到位"信息。

正如前文所述，煤矿事故案例文本当中存在大量的同一事故风险因素的不同表达方式,因此,一个关键词的多个属于"子系统"或"偏差"类别的关联词语,可能在与关键词进行组合后所表达的是同一项事故风险致因信息,因此需要将具有相同表述含义的"子系统"或"偏差"词语划分为一组。由此,一个关键词可能会存在多组"子系统"和"偏差",并分别以"子系统1""子系统2""子系统3"这种方式进行表述。

3.3.5 事故风险致因成分聚合

事故风险致因成分聚合是进行煤矿安全风险因素提取的最后一步,通过将关键词及其相关词语依据语义分析的结果,聚合成为具有实际含义的事故风险致因短句。对每个关键词的事故原因成分聚合的过程,是以"子系统""偏差"为单位进行的,也即同一组"子系统"或"偏差"在聚合的过程中可以视为一个元素。此外,在对煤矿事故风险致因的提取过程中,由于所有的致因都是负面表述的,为了减少分词处理后特征项的数量,为后续的关键词提取、相关词语挖掘提供支持,在分词过程中已将诸如"未""没有"等否定表述词语作为停用词进行了剔除。因此,对于事故风险致因聚合结果,可以默认其为负面表述的,例如关键词"隐患排查"与其偏差"整改"的组合,便相当于"隐患排查整改不到位"。

3.4 煤矿安全事故案例文本挖掘与风险因素识别

本节在前文设计的改进的中文文本挖掘流程的基础上,以对近年来我国煤矿事故案例报告的收集和整理为起点,对煤矿安全事故风险致因进行提取,从而实现以数据为驱动的对煤矿事故致因的有效挖掘。同时,进一步构建煤矿事故风险致因信息数据集,为后续的煤矿安全风险研究提供数据支持。

3.4.1 数据来源

近年来,国家对发生的煤矿安全事故进行了详细调查和处置,形成了宝贵海量的煤矿事故调查报告。这些调查报告是由国家煤矿安全监察局或相应地区的煤矿安全监察机构牵头组建的专家调查组对事故进行调查处理后形成,详细描述了事故的发生经过和原因,从组织、技术和管理等方面分析了各方单位的过失和管理缺陷,具有一定的权威性。大量事故报告对煤矿企业起到警示和借鉴作用,也更加明确了安全监管对象,然而监管部门和研究人员却忽略了进一步对这些宝贵资料进行系统的深度挖掘利用,未对其中事先未知的、可理解的、最终可用的知识进行有效挖掘,对众多事故中的内在属性与关联的提取并不充分,使长期积累的海量煤矿历史事故案例数据并没有得到真正的利用。

本书以我国 2010—2019 年十年来的煤矿事故案例报告为研究对象进行分析。事故案例报告来源包括两部分:一是国家煤矿安监局行管司提供的我国 2012—2019 年特重大、重大煤矿事故调查综合分析研究报告;二是中国煤矿安全生产网、国家煤矿安全监察局、各省份煤矿安全监察局网站公布的我国 2010—2019 年十年间的煤矿事故调查记录,通过爬虫技术对这些内容进行爬取。通过这两种方式最终收集到 1 205 份案例报告。需要说明的是,事故案例报告资料来源有限,很多多年前发生的一般性事故网上都没有公布相关的调查报告,且公布的部分案例中报告信息不完善、甚至有些重要信息缺失,比如事故死亡人数、事故发生地点、事故直接原因及间接原因等,缺失的信息或不完整的信息数据不能够完整地反映、描述该事故,会导致其事故风险分析价值降低,应该将这些报告进行剔除。因此,本书案例报告统计为不完全统计,最终可用于文本挖掘的事故调查报告为 828 份。这些报告涉及了近年来较新的各个省份不同事故类型数据,具体包括矿井基本情况、事故发生经过及应急处置情况、事故直接及间接原因分析、事故责任人处理建议、防范及整改措施等内容,保证了后续应用文本挖掘技术识别煤矿安全生产风险因素的客观性和普遍性。同时为了降低文本挖掘的工作量、减少无关词组的干扰,本次筛选事故报告中"事故原因分析"内容为".txt"文本集,形成待挖掘文本语料库。

本书所收集的煤矿事故案例事故等级根据国家出台的《生产安全事故报告和调查处理条例》文件进行划分。由于部分报告未对事故导致的直接、间接经济损失进行说明,本书无法对这类事故造成的经济损失进行准确衡量,因此本书仅根据事故死亡人数对事故等级进行计算,并根据事故等级将原始案例分为一般事故、较大事故、重大事故、特重大事故 4 组,如表 3-1 所示。从表中可以看出,828 起煤矿事故中,一般事故和较大事故在事故总数中共占比 89%,是主要的事故等级类型,这两类事故虽然单次损失相对较小,但持续频繁地发生无疑带来了巨大损失。重大事故占事故总数的比例为 9.7%,同样占据较大的比例,这表明我国在重大风险防控方面的工作仍不够充分,我国的煤矿安全生产形势依然十分严峻。相比于其他三类事故,特重大事故案例数量较少,对这一等级事故的防范相对有效,但由于其造成的人员伤亡和经济损失以及极其恶劣的社会影响是巨大的,因此对该等级事故的继续严格防范仍是必要的。越严重的事故案例包含了越完善且复杂的事故致因属性信息和隐含的关联信息,是用于事故风险原因分析的非常好的学习资料,因此本书统计的事故数据能够很好地用于煤矿安全生产风险因素识别研究。

表 3-1 事故等级分类和统计

事故等级	死亡人数	事故数
一般事故	2 人及以下	459
较大事故	3～9 人	278
重大事故	10～29 人	80
特重大事故	30 人及以上	11

3.4.2 分词过程

将前文构建的复合词典作为分词词典,具体分词过程如下。

(1)根据前缀词典生成 Trie 树

Trie 树即为字典树或前缀树,其一个节点的子节点都具有相同的前缀。这一过程首先对分词词典依据词语的第一、二、三……个汉字进行多层排序生成相应的前缀词典,以此为基础,将分词词典中所有的词语分布在 Trie 树的子节点中,形成如图 3-3 所示的树状结构。其中根节点内容为空,除根节点以外的每个子节点都代表一个汉字前缀,从第一层子节点开始到任意一个叶子节点的路径中所经过的字符组合即为分词词典中的一个词语,方形节点内的数字表示该词语在语料库中出现的频度。基于 Trie 树的文本特征提取思路即应用前缀树实现高效文本扫描。

(2)根据 Trie 树,生成待分词语句的有向无环图

利用 Trie 树的快速索引,通过对待分词语句进行分词词典中的查词操作,获得每一个语句的所有可能的语句切分组合,形成如图 3-4 所示的有向无环图。图中,通过键值对存储语句中的每个汉字及其所在位置,并通过有向无环图连线来标记所有可能的语句切分方法,而连线的权重即为此种切分方法的权重。

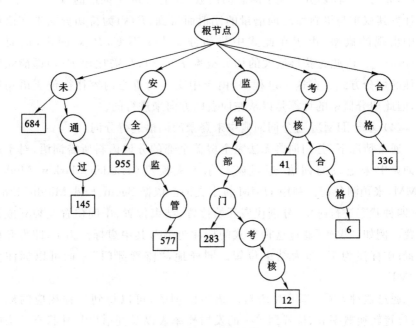

图 3-3　Trie 树结构

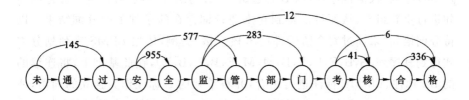

图 3-4　待分词语句有向无环图

（3）基于动态规划方法计算最大概率路径，从而确定最佳切分组合

对于待分词语句中所有可能的切分方式，其切分概率为：

$$P(i \mid s) = \frac{P(i)P(s \mid i)}{P(s)} \tag{3-6}$$

其中 i 为切分方式序号，$P(i|s)$ 表示以 i 切分方法切分 s 的概率，$P(i)$ 为该种切分方式的概率，其计算公式为：

$$P(i) = \prod_1^m P(i_m) \tag{3-7}$$

式中，m 为第 i 种切分方式中的总词语数，其中第 m 个词语的概率 $P(i_m)$ 通过计算其权重与语料库总词语量的比值而得到；$P(s)$ 为待切分文本在语料库中出现的概率，由于在此式中待切分文本 s 不变，$P(s)$ 固定，进而 $P(s|i)$ 固定。因此为获得最大的切分概率 $P(i|s)$，只需比较 $P(i)$ 即能获得最佳的切分方式。在这一过程中，由于中文语句重心内容往往位于语句后部，因此切分概率的计算是以从左向右的方向来进行的。

（4）基于 HMM 对分词词典中未登录的词语进行分词

通常情况下，分词词典无法完全覆盖全部的分词语料所需词语，对于这类词典中未记录的词语，通过隐马尔可夫模型（Hidden Markov Model，HMM）来预测分词。利用 HMM 将中文词汇依据 Begin、End、Middle、Singgle 四种状态进行标记，分别代表开始位置、结束位置、中间位置及独立成词位置。例如，"煤矿"通过这种方式的标注为 BE，其中煤标注为 B，即为开始位置；矿标注为 E，即为结束位置。同样地，"监管部门"一词可以标注为 BMME。

通过这种方式，基于对语料库语料的训练，可以得到三种相应的概率表：位置转换概率表、位置到单字的发射概率表以及词语以某种状态开头的概率表。在此基础上，结合 viterbi 算法即可得到一组汉字元素的最大概率 BEMS 序列，根据该序列，以 B 为起始，以 E 为结束，将所有待进行分词的语句进行重新组合，从而可以得到在未登录词存在的条件下的分词结果。以待分词语句"未通过安全监管部门考核合格"为例，依据 BEMS 序列划分方式得到其序列[S,B,E,B,E,B,M,M,E,B,E,B,E]，在此基础上，将连续的的 BE 标注、BMME 标注进行组合，并将单独的 S 标注作为独立的词语，便可得到对应的分词结果，进而将该语句标注为如下形式：未/S、通过/BE、安全/BE、监管部门/BMME、考核/BE、合格/BE，如此完成对语句的切分。

基于以上流程，本书利用 R 语言 JiebaR 工具包来完成对 828 份原始煤矿事故案例文本的分割，利用构建的复合停用词库进行去除停用词处理后，共获得 1 492 个特征项，同时将分词结果进行整理，以供后续分析。

3.4.3 关键词提取

计算 1 492 个特征项的 TF-IDF 取值，选取其中 TF-IDF 取值为前 10% 的特征项共 149 个作为初步选择的关键词。由于这些特征项中不可避免地存在部分对于煤矿事故风险致因分析不具有意义且具有较高 TF-IDF 取值的词语,因此需对 149 个初选关键词进行人工筛选。本书将初筛关键词中诸如"煤矿""大量""事故"等无法表述具体风险原因的共计 52 个词语进行了去除,最终得到 97 个关键词,用于后续事故风险致因的提取分析,97 个关键词及其 TF-IDF 值如表 3-2 所示。

表 3-2 关键词及其 TF-IDF 值

序号	关键词	TF-IDF	序号	关键词	TF-IDF
1	违规操作	24.964 6	26	现场管理	12.358 5
2	隐患排查	24.319 3	27	局部通风机	12.249 9
3	安全隐患	24.019 3	28	审批	11.527 0
4	安全培训	23.794 6	29	火花	11.181 0
5	安全技术管理	22.686 0	30	采掘部署	10.784 0
6	应力	21.903 8	31	探放水	10.700 5
7	问题失察	21.537 3	32	应急救援	10.587 1
8	安全意识	21.500 0	33	造假	10.511 2
9	防突措施	21.123 0	34	违章行为	10.205 2
10	越界开采	18.538 4	35	劳动用工	9.597 4
11	操作规程	18.517 4	36	冒险	9.463 5
12	瓦斯积聚	17.460 8	37	传感器	8.863 5
13	地质构造	17.377 3	38	风险辨识	8.766 1
14	维护	15.799 3	39	扰动	8.540 1
15	密闭	15.546 8	40	保险绳	8.423 2
16	管理混乱	15.130 4	41	无证上岗	8.264 1
17	领导带班下井	14.954 0	42	防灭火	7.176 5
18	安全监管	14.180 4	43	安全监控系统	6.839 4
19	防治水	14.002 8	44	设计施工	6.799 7
20	放炮	13.567 8	45	监管职责	6.598 3
21	配备	13.213 2	46	劳动组织	6.54 8
22	违章指挥	13.175 0	47	独立	6.484 9
23	监管指令	13.138 5	48	危险性鉴定	6.458 6
24	安全监督	13.130 4	49	钻孔施工	6.352 7
25	风量不足	12.664 0	50	瓦斯检查	6.288 7

表 3-2(续)

序号	关键词	TF-IDF	序号	关键词	TF-IDF
51	撤人	6.283 9	75	防突知识	2.172 7
52	瓦斯抽采	5.906 3	76	全负压	1.899 0
53	水文地质	5.656 0	77	地质	1.629 7
54	明令禁止	5.521 6	78	限员措施	1.524 3
55	培训	5.283 9	79	探放水设备	1.518 4
56	风险管控	5.103 8	80	安全素质	1.268 5
57	运输管理	5.035 4	81	预测预报	1.268 5
58	安全投入	4.432 8	82	应急演练	1.2
59	人员定位系统	4.165 8	83	提升设备	0.962 4
60	安全管理机构	4.134 7	84	人员定位卡	0.841 8
61	明火	4.044 1	85	违章组织	0.801 8
62	装置不全	3.812 8	86	持证	0.601 8
63	通风设施	3.741 2	87	钻孔验收	0.101 8
64	通风管理	3.560 1	88	防冲	0.090 3
65	检身制度	3.509 1	89	支护	0.089 2
66	安全技术措施	3.498 7	90	盯守	0.088 6
67	违规布置	3.478 7	91	责任制	0.08 8
68	安全措施	3.478 7	92	串联	0.080 8
69	复工复产	3.200 0	93	一炮三检	0.076 9
70	煤炭自燃	3.102 9	94	素质	0.074 3
71	监控系统	2.909 5	95	机电	0.072 6
72	呼吸器	2.665 1	96	采掘布置	0.066 1
73	瓦斯浓度	2.538 5	97	出入井	0.054 8
74	假密闭	2.299 2			

在此基础上,为了更直观地展示各个关键词与煤矿事故的关系,利用 R 语言的 wordcloud2(词云)工具包对这些关键词进行可视化展示,结果如图 3-5 所示。

词云中,各关键词根据其 TF-IDF 取值的大小,在图中自中心向外部辐射分布,在一定程度上可以认为,一个关键词在词云中的位置越靠近中心、

图 3-5 可视化词云

其字体越大,表明其与煤矿事故具有越强的相关性。结合表 3-2 与图 3-5 可以看到,违规操作、隐患排查、安全隐患、安全培训、安全技术管理、安全意识、防突措施、问题失察等关键词具有较大的 TF-IDF 值,也即在词云中具有更大的字体。其中,违规操作、防突措施、问题失察都是可以直接导致事故发生的因素,而根据以往经验,隐患排查、安全隐患、安全培训、安全技术管理、安全意识等要素往往是导致煤矿长期以来处于不安全状态的重要诱因。同样地,在其他 TF-IDF 值也即字体较小的关键词中,也包括了各项对煤矿事故的发生具有直接或间接影响的要素。因此,通过对煤矿事故案例关键词的提取,来对煤矿事故案例中隐含的种种常见或非常见的致因信息进行提取具有重要意义。

3.4.4 相关词语挖掘及结果分析

关键词仅仅是煤矿事故风险因素中的核心词汇,通常不具有完整而明确的含义,因此需要以其为中心进行煤矿事故风险因素的进一步提取。计算各关键词与其他特征项间的相关系数,并剔除相关系数小于 0.1 的情况,将剩余特征项作为该关键词的相关词语。同时,进一步对关键词的相关词语进行整理及语义分析,从而完成煤矿事故风险致因成分的聚合。由于煤矿事故成因复杂,相应地,事故风险致因的危险类型、作用机理、影响范围也不尽相同,因此,在聚合及分析煤矿事故风险致因成分时也应依类别进行,以确保致因分析具有系统性和全面性。煤矿安全生产系统是一个典型的包含人—机—环—管的复杂社会技术系统,各子系统之间具有紧密的耦合关系及错综复杂的交互关系,要用系统的安全思想对其进行研究。因此借助Rasmussen 提出的基于社会技术系统的风险管理框架去分析煤矿安全事故风险致因,有助于分析清楚煤矿生产系统中宏观与微观间各层级因素的相关关联作用关系。本书基于社会技术系统的风险管理模型,结合煤炭行业实际情况,提出从监管部门、煤矿企业、现场管理、作业人员、环境与设备 5 个层面对煤矿事故风险致因进行分类。

(1)监管部门

监管部门层面的煤矿事故致因反映来自于煤矿企业外部的监管力量,主要指政府相关安全监管机构在外部监管调控方面对煤矿安全生产的具体影响。对于煤矿企业而言,追求产量和利润是其第一要务,在没有外部监管力量规范的情况下,以牺牲一定的安全性为代价来减少安全投入、提高煤矿产量是企业可能的选择。在这一条件下,以保障国家和人民生命财产安全为第一要务的政府监管部门针对煤矿企业所制定的种种规范,无疑对于煤矿的安全生产具有不可忽视的作用。当来自监管部门的监管力量减弱时,煤矿企业所受的外部约束便会减少,从而使其内部控制减弱,进而促使风险的产生[11]。

以具有较高 TF-IDF 的关键词"安全监管"为例,其相关词及对应相关系数如图 3-6 所示。

对"安全监管"一词的相关词语进行语义分析,标注为"子系统"和"偏差",其中,表示相同或相近含义的相关词语应划分于同一组"子系统"或"偏差"当中,形成如图 3-7 所示的知识图谱。

"子系统"+关键词=主体对象;"子系统"+关键词+"偏差"=主体对象处于的异常状态,也就是事故风险致因信息。所以我们需要先确认以关键词为核心可以得到几种导致事故的主体对象,再去分析主体对象的状态,其中关键词有时候也可以独立地表示导致事故的主体对象。因此通过图 3-7可得到 4 个主体对象,分别为"安全监管";"安全监管"+子系统 1="安全监管计划";"安全监管"+子系统 2="安全监管责任\职责";"安全监管"+子系统 3="安全监管工作\部门\管理"。再将得到的主体对象与"偏差"进行组合。最后将具有不同表述方式的同一风险致因进行归一化处理。事故案例报告中所有的事故风险致因信息都是负面表述的,因此对于事

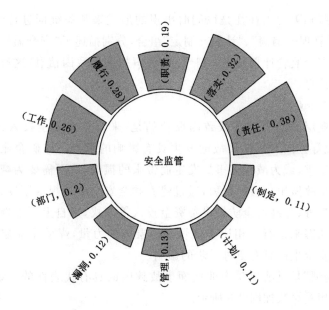

图 3-6 "安全监管"相关词语及对应相关系数

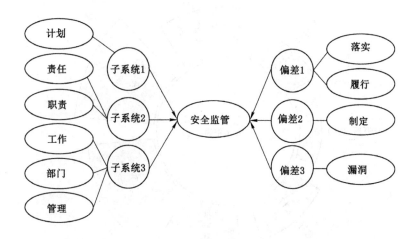

图 3-7 "安全监管"相关词语语义分类

风险致因聚合结果,可以默认其为负面表述的。最终可识别得到"安全监管计划制定不科学""安全监管不到位""未认真履行安全监管职责"三项事故风险致因因素。

注意:当两个或多个相关词语与关键词的相关系数相同或极为相近时,

可以说明这些相关词语往往是以同时出现的形式来和关键词进行组合，如图 3-6 中的"管理—漏洞"、"计划—制定"组合，分别描述了"安全监管管理存在漏洞"和"安全监管计划制定不科学"两种事故风险致因信息，这有利于快速识别风险信息。

（2）煤矿企业

煤矿企业层面的煤矿事故致因反映的是，来自企业安全投入、制度建设、文化建设等方面对煤矿事故的发生具有影响的因素。煤矿企业或受到监管部门的要求，或为减少因事故发生而带来的损失，从而需要为减少或避免各类煤矿事故做出相应的努力，通过建立健全安全生产规章制度、开展工人安全意识教育、提高安全防护设备资金投入等方式，来自上而下地促使煤矿以安全的状态来运行。相比于监管部门层面的力量，煤矿企业层面的因素对于煤矿安全生产具有更进一步的影响。

"安全培训"是反映煤矿企业层面事故致因的具有代表性的关键词，其相关词语及相关系数如图 3-8 所示。

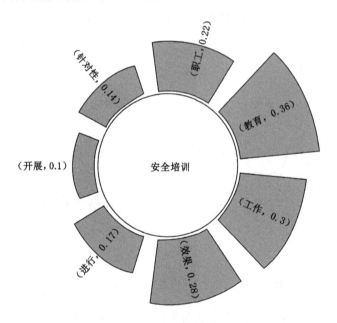

图 3-8 "安全培训"相关词语

对"安全培训"一词的相关词语进行语义分析，标注为"子系统"和"偏差"，形成如图 3-9 所示的知识图谱。

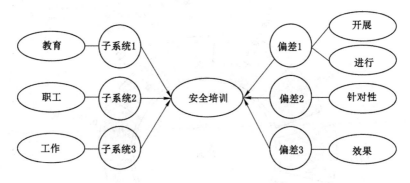

图 3-9 "安全培训"相关词语语义分类

与上述分析一致，通过图 3-9 可得到 4 个主体对象，分别为"安全培训""安全培训教育""职工安全培训""安全培训工作"，再与各个"偏差"进行组合可得到"未进行安全培训""安全培训缺乏针对性""安全培训教育效果差""职工安全培训不到位"等表述。围绕关键词"安全培训"，其与各"子系统"及"偏差"的组合方式较为多样化，这些不同表述分布于不同的事故案例当中，但都是在共同表达含义为"安全培训教育不到位"的事故风险致因信息。由此，对于一条以"安全培训"为核心的案例文本语句，当出现"安全培训"关键词或其与任意子系统或偏差的组合时，即可认为该文本语句所代表的事故致因信息为"安全培训教育不到位"。

在中文分词结果中，"安全培训"和"培训"并不具备交叉关系，分别表示两个独立的特征项，因此，两者各自的相关词语也不尽相同。进一步对关键词"培训"进行分析，其关联词语及对应的相关系数如图 3-10 所示。

相比于"安全培训"，关键词"培训"所对应的相关词语较为复杂，并出现了诸如"培训方式单一""作业人员未经培训考核合格"的表述方式，但究其本质，仍是对"安全培训教育不到位"这一风险因素的不同表达。事实上，虽然从中文分词的角度来看，"安全培训"和"培训"并不具有交叉关系，但在煤矿事故案例报告中，"安全培训"和"培训"的出现都表明该煤矿企业存在安全培训教育水平不足的问题。通过对两项关键词的共同分析，有助于对案例文本中相关的事故风险致因信息进行全面而无遗漏的识别。

（3）现场管理

相比于煤矿企业层面的管理因素，煤矿工作环境中的现场管理与事故

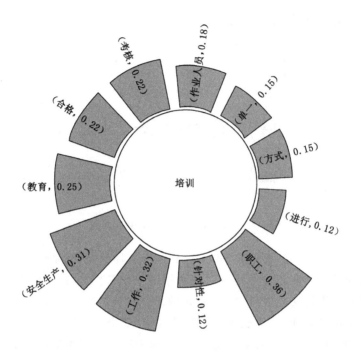

图 3-10 "培训"相关词语

的发生具有更加紧密的联系。井下现场管理人员的决策可以对绝大多数一线工作人员的行为、心理等因素产生最直接的影响,包括违章指挥、错误的技术指导、必要的操作监督缺失等行为,都会直接或间接地诱导井下直接作业人员进行不安全操作。相应地,严格遵守安全规章制度、规范履行操作流程、严守安全监督职责的现场管理者能够及时发现井下存在的危险因素并加以纠正,从而在源头上消除井下环境中存在的危险状态。

隐患是煤矿中会导致事故发生的不安全因素,对隐患的有效排查与治理对于煤矿事故的防范具有至关重要的意义,正因如此,TF-IDF 的取值也反映出隐患相关关键词在事故案例文本中的重要性,具体包括"隐患排查""安全隐患""隐患"三项,其相关词语及相关系数如图 3-11 所示。

值得注意的是,"隐患排查"的相关词语中出现了"安全",而"安全隐患"的相关词语中只有"排除"而没有"排查"。正如前文所述的分词过程,"隐患排查"的分词方式权重高于"安全隐患",因此当文本中出现诸如"安全隐患排查"的语句时,分词过程倾向于"安全"和"隐患排查"的分词方式,而两项

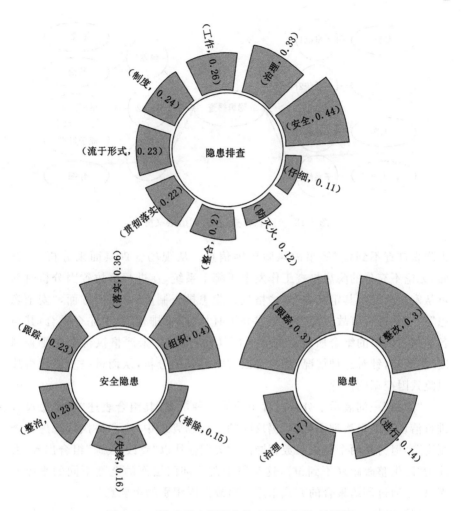

图 3-11　"隐患排查""安全隐患""隐患"相关词语

关键词的 TF-IDF 值的大小也反映出这一特点。类似地,"隐患"一词的相关词语中也并未出现"安全"与"排查"。

以"隐患排查"为例进行语义分析,标注"子系统"和"偏差",形成如图 3-12 所示的知识图谱。

通过图 3-12 得到"隐患排查"的 4 个主体对象:"安全隐患排查""隐患排查制度""隐患排查工作""防灭火隐患排查",与"偏差"组成可表示"安全隐患排查流于形式""未严格贯彻落实隐患排查制度""隐患排查不仔细""防灭

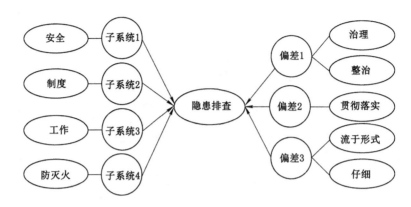

图 3-12　"隐患排查"相关词语语义分类

火隐患排查不到位"等事故风险致因信息。从现场管理层面来分析,一方面,无论不充分的隐患排查工作发生于哪个系统,在进行事故致因分析时都可从宏观角度将其定义为"未严格执行隐患排查制度"。另一方面,"安全隐患"一词在进行事故风险致因构成分析时与"隐患排查"近乎完全重合,其与各项相关词语的组合所表达的含义同样没有超过"未严格执行隐患排查制度"的范畴,针对这种情况,往往可以省略对其的分析,从而进一步简化事故风险致因挖掘的流程。

"隐患"一词展示了分析过程中的另一种情况,其组合表述"对隐患没有进行治理""隐患治理不到位"仍反映的是现场管理中"未严格执行隐患排查制度"。但另外两个相关系数相同的相关词往往以"整改-跟踪"组合出现,表述为"隐患整改跟踪不到位",这是属于监管部门层面的全然不同的事故原因,也是通过词语聚合的方式来进行事故致因识别的重要意义。

(4)作业人员

作业人员层面的煤矿事故致因因素往往是事故发生的最直接原因,作业人员的违规操作、疏忽大意抑或是违规进入危险区域等都是事故发生的直接导火索。煤矿工作人员,尤其是一线矿工,平均受教育水平相对较低,且多以师徒的形式进行技巧的传承,无法避免地存在不良个人习惯以及安全意识不充分的情况;同时,由于长时间的井下作业,会使人员产生压抑情绪与疲劳感,是作业人员产生疏忽纰漏、违规动作的重要诱因。本质上讲,监管部门、煤矿企业以及现场管理等层面的努力最终目的便是消除来自现场作业人员方面的危险因素,但当以上环节出现漏洞时,其风险也将层层放大，最终在现场作业人员的层面表现为事故最直接的诱因。

在作业人员层面的事故致因分析当中，"违规操作"较为特殊，从关键词角度来看，其与煤矿事故有着最为显著的影响，同时，其自身便已构成一项完整的煤矿事故致因。因此，围绕其相关词语进行分析是没必要的。类似地，"安全意识""明火""煤炭自燃"也属于这一类词语。"违规操作"这一事故致因涵盖了多种具体的违规行为，多以具体违规操作行为的形式出现于煤矿事故案例文本当中。由于这些具体的违规行为在语料库中出现频率极低，因此虽然其可能具有较高的 IDF 值，但由于 TF 值极低，这类词语往往无法出现于关键词当中。而实际上，作业人员的任何违规行为都会使煤矿陷入不安全状态，无须区分具体行为而应该一视同仁地禁止一切违规行为是保证煤矿安全生产的最佳策略，因此本书中将作业人员所有违规行为都统一为"违规行为"这一风险致因，而不进行具体的细分。

"风险辨识"是反映作业人员层面事故致因的重要特征项，其相关词语及相关系数如图 3-13 所示。

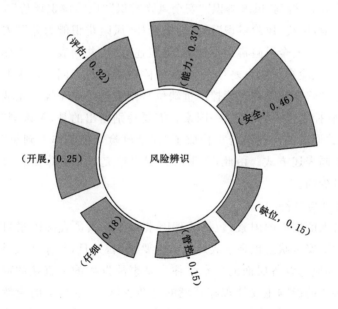

图 3-13 "风险辨识"相关词语

对"风险辨识"相关词语进行语义分析，标注"子系统"和"偏差"，形成如图 3-14 所示的知识图谱。

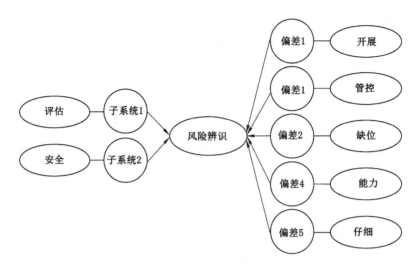

图 3-14 "风险辨识"相关词语语义分类

通过图 3-14 得到"风险辨识""安全风险辨识""风险辨识评价"3 个主体对象。同样地,围绕"风险辨识"可以构成诸如"风险辨识能力差""安全风险辨识能力不足""安全风险辨识不仔细"等表述方式,共同表达属于作业人员层面的"安全风险辨识能力差"这一事故风险致因信息。同时,"未开展风险辨识和评价""安全风险辨识管控严重缺位",则表达了属于煤矿企业层面的"安全风险管控工作不到位"这一因素。需要特别指出的是,关键词"风险管控"与其相关词语的不同组合也构成了"安全风险管控工作不到位"这一事故致因的不同表述方式。由此,在事故致因提取完成后去除重复致因的工作是必不可少的。

(5) 环境与设备

除来自人的层面的因素(包括管理因素和作业人员直接因素)以外,环境与设备的不安全状态也是事故发生的重要原因,并且,与作业人员层面的因素相同,环境与设备层面的要素往往也是事故发生的最直接的原因。环境对煤矿事故的影响主要体现在环境的复杂程度、关键指标的突然变化等方面,设备对煤矿事故的影响主要由设备的老化、失效等状态所产生。多数情况下,环境与设备的危险状态互为因果,复杂而突变的环境可能会导致设备的损坏或设备超负荷,损坏与失效也会导致环境的变化,使得不安全因素无法被及时监测与应对。环境与设备层面的危险因素可以通过前期完善的地质勘查、及时的设备更新换代、高效的风险应急响应等途径进行有效控制。

　　在环境与设备层面，关键词"地质"和"人员定位"展示了事故致因成分聚合的两种特殊情况。"地质"的相关词语及相关系数如图 3-15 所示。

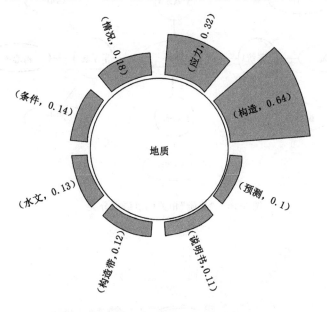

图 3-15　"地质"相关词语

　　对关键词"地质"进行语义分析，标注"子系统"和"偏差"，形成如图 3-16 所示的知识图谱。

　　关键词"地质"是一种特殊的情况，图 3-16 中，其相关词语中不含有"偏差"的内容，均可标注为"子系统"。当与"子系统 1""子系统 4"所对应的特征项进行组合时，可以构成"水文地质条件未查清""地质情况未查清""未编写地质说明书"等表述，其反映的均是"地质情况未查清"这一致因信息；当与"子系统 2"进行组合时，可以构成"地质预测预报不到位"这一致因信息；当与"子系统 3"进行组合时，则可以构成"地质构造复杂""复杂地质构造带""地质应力高"等表述，其反映的是"地质构造复杂"这一典型的事故致因信息。由此，当"地质"一词与任意一个子系统所对应的一个或多个词语共同出现时，便可认定对应的事故致因在案例中出现。

　　进一步，关键词"人员定位"的相关词语及相关系数如图 3-17 所示。

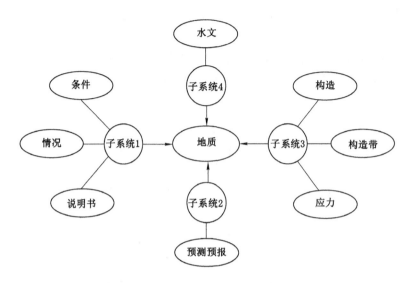

图 3-16 "地质"相关词语语义分类

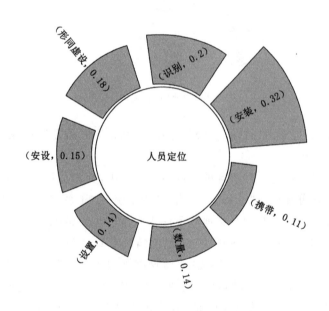

图 3-17 "人员定位"相关词语

对关键词"人员定位"进行语义分析,形成如图 3-18 所示的知识图谱。

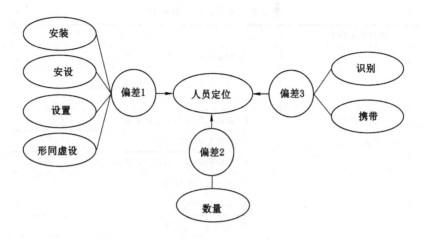

图 3-18 "人员定位"相关词语语义分类

与"地质"一词相反,关键词"人员定位"的相关词语均应标注为"偏差"。当与"偏差 1"所对应的词语进行组合时,可构成"人员定位系统形同虚设""未安设人员定位系统"等表述,共同反映致因"未安装人员定位系统";当与"偏差 2"中的词语进行组合时,可构成的表述为"人员定位系统分站数量不足",其同样表示"未安装人员定位系统"这一致因;对于"偏差 3"中的词语,其与"人员定位"一词的组合构成了包括"不携带人员定位标识卡""未携带人员定位卡"在内的表述方式,反映了另一层面的事故致因,即"不按规定携带人员定位卡和自救器"。

3.4.5 煤矿安全风险因素挖掘结果

利用优化的文本挖掘流程与方法对煤矿事故案例报告文本数据进行高效全面的挖掘分析,识别出案例文本中蕴含的风险致因信息,综合文本挖掘结果,最终整理得到 78 项影响煤矿安全生产的主要风险因素。由于文本挖掘过程中存在关键词表述含义相同的情况,因此在进行以关键词为中心的事故风险致因挖掘提取时,会存在相同事故风险致因重复出现的情况,需对事故风险致因结果集进行相应的去重复处理,从而得到最终的风险因素集。如表 3-3 所示,对事故案例挖掘所获得的 78 项安全风险因素从监管部门、煤矿企业、现场管理、作业人员、环境与设备五个层面进行了分类。

表 3-3　煤矿安全风险因素

风险因素分类	风险因素
监管部门	S1 安全监管计划制定不科学
	S2 安全监管不到位
	S3 隐患整改跟踪不到位
	S4 未认真履行安全监管职责
	S5 日常监督检查松懈
	S6 安全管理和技术措施审批不到位
	S7 复工复产验收组织不力
煤矿企业	E1 安全管理混乱
	E2 违法违规组织生产
	E3 安全管理和专业技术人员配备不足
	E4 安全培训教育不到位
	E5 未严格制定和执行安全技术措施
	E6 未建立健全安全管理机构
	E7 不执行监管指令
	E8 应急救援管理不落实
	E9 安全生产责任制落实不到位
	E10 安全投入不足
	E11 劳动用工管理混乱
	E12 违规使用国家明令禁止的设备和工艺
	E13 安全风险管控工作不到位
现场管理	M1 生产现场管理不到位
	M2 未严格落实矿领导带班下井制度
	M3 未严格贯彻落实隐患排查制度
	M4 数据和资料造假
	M5 未履行盯守职责
	M6 操作规程的贯彻落实不到位
	M7 设备维护管理不到位
	M8 未开展预测预报工作
	M9 通风管理混乱

表 3-3(续)

风险因素分类	风险因素
现场管理	M10 多点交叉平行作业
	M11 机电管理混乱
	M12 运输管理不到位
	M13 保安煤柱管理不到位
	M14 未按规定采取限员措施
	M15 瓦斯检查制度不落实
	M16 瓦斯抽采措施未达到治理效果
	M17 不严格执行出入井检查和登记管理制度
	M18 采掘部署混乱
	M19 防灭火措施不到位
	M20 违规布置作业区域
	M21 撤人制度不落实
	M22 钻孔施工管理不到位
	M23 未严格落实防治水管理制度
	M24 未制定和实施有效的探放水措施
	M25 防突措施不到位
	M26 地质情况未查清(未查清区域水文地质条件)
	M27 假密闭
	M28 通风能力不足
	M29 串联通风
	M30 摩擦火花
	M31 密闭漏风
	M32 爆破措施不落实
	M33 作业人员未持证上岗
作业人员	P1 作业扰动诱发
	P2 不按规定携带人员定位卡和自救器
	P3 违章作业
	P4 安全风险辨识能力差
	P5 安全意识淡薄
	P6 冒险组织作业

表 3-3(续)

风险因素分类	风险因素
作业人员	P7 违章指挥
	P8 违章行为未制止
	P9 安全素质差
	P10 未按照批准的设计施工
	P11 防突知识和能力不足
环境与设备	G1 未按规定安装安全监测监控设备
	G2 未安装人员定位系统
	G3 通风设备不达标
	G4 局部通风机的安装和使用不符合规定
	G5 没有安装保险绳
	G6 瓦斯浓度高
	G7 安全监测监控系统不正常运行
	G8 支护质量和强度不到位
	G9 设备装置不可靠
	G10 设施设备配备不齐全
	G11 地质构造复杂
	G12 煤炭自燃

　　提取煤矿事故风险致因不是对煤矿事故案例进行文本挖掘的最终目的,最终目的是通过以此为基础建立煤矿事故风险致因信息布尔数据集,为后续的事故发生机理分析、风险等级评价提供数据支撑,从而进一步从真实事故数据中挖掘潜藏的风险发生规律。在非文本挖掘条件下,对于非结构化的事故案例向结构化的数据集进行转化多通过人工的方式来完成,这与通过人工方式进行煤矿事故致因的识别存在相同的问题。利用改进的文本挖掘流程对煤矿事故案例进行切分处理,并根据关键词相关词语挖掘、事故致因成分聚合的结果,将每一条事故案例中出现的事故风险致因因素标记为 1,未出现的因素标记为 0,从而生成由"0-1"构成的结构化的布尔数据集。以图 3-7 为例,当关键词"安全监管"与其任意"子系统"和"偏差"组合在某一案例文本的词语切分结果中同时出现,即可识别此关键词及其"子系统"和"偏差"组合所对应的事故风险致因在此案例中出现。利用 python 程序脚本

对所有事故案例文本进行处理,从而完成如表 3-4 所示的煤矿事故风险致因信息布尔数据集的构建,为下文的进一步研究提供数据支撑。

表 3-4　煤矿事故风险致因信息布尔数据集

编号	事故等级	S1	S2	S3	S4	S5	S6	S7	E1	E2	……
1	2	0	1	1	1	1	1	0	1	0	……
2	2	0	1	1	1	0	0	1	1	0	……
3	2	0	1	0	0	0	0	1	0	0	……
4	2	0	1	0	1	1	1	1	0	0	……
5	2	0	1	1	0	0	0	1	0	1	……
6	2	0	0	1	0	0	0	1	0	0	……
7	2	0	0	0	1	0	0	1	0	0	……
8	2	0	0	0	1	0	0	1	0	0	……
9	1	1	1	0	0	1	0	0	0	0	……
10	2	0	0	1	1	1	1	1	0	0	……
11	1	0	0	0	0	1	0	0	1	0	……
12	2	0	0	0	1	1	1	0	0	0	……
13	2	0	0	1	0	0	0	1	0	0	……
14	2	0	1	0	1	1	0	0	1	0	……
15	2	0	1	1	0	1	0	0	1	0	……
16	1	0	1	0	0	0	0	1	0	1	……
17	2	1	0	0	0	0	1	1	0	0	……
18	2	0	0	1	0	0	0	1	0	0	……
19	2	0	1	1	0	0	0	1	0	1	……
20	2	0	1	0	0	0	1	1	0	0	……

……

3.5　本章小结

　　本章针对煤矿风险管理领域对海量事故文本中隐藏的风险信息进行高效挖掘的需求,设计了一种基于改进流程的文本挖掘技术的煤矿安全风险因素识别方法,通过中文分词、关键词提取、相关词语挖掘、相关词语语义分析、事故风险因素成分聚合等关键步骤,实现对海量煤矿事故案例中的事故风险致因的高效而全面的识别,并以此为基础,将高度非结构化的案例文本转化为结构化的煤矿事故风险致因信息数据集,从而为后续由数据驱动的事故机理分析和风险智能评价提供数据支撑。主要研究内容及成果如下:

(1)分析基于人工的煤矿事故案例分析处理过程的痛点,提出了基于文本挖掘技术进行事故报告文本高价值信息挖掘的方法,为基于海量事故案例分析的煤矿安全风险识别与评价提供了思路。

(2)针对中文煤矿事故案例文本高度非标准化、非结构化的特点,对于传统文本挖掘流程在处理此类文本时存在的关键问题进行了探讨,进而提出了改进的基于 TF-IDF 的关键词提取方法以及以关键词为中心的煤矿安全风险因素挖掘流程,为应用文本挖掘技术处理高度复杂中文文本的落地带来了启示。

(3)基于改进的文本挖掘流程,对大量案例文本进行挖掘处理,设计了基于知识图谱的关键词及其相关词语表达方法,完成了煤矿事故风险致因信息的全面提取与展示,进而实现了向结构化的事故风险致因信息数据集的转化,充分利用了历史事故的理论和实践价值。

4

煤矿安全风险因素重要性与关联性分析

　　现代煤矿安全生产系统是复杂的人—机—环—管信息系统,影响煤矿安全事故发生的风险因素十分复杂并且各因素之间存在着隐含且复杂的相互作用关系。因此针对煤矿安全事故发生的复杂性和不确定性,深入挖掘导致事故的关键风险因素并分析其相互作用机理对于保障复杂系统的安全性具有至关重要的意义。相关研究表明,基于图模型的贝叶斯网络方法具有较强的不确定性分析能力,可以结合先验知识和样本信息,通过学习变量间的关联关系进行推理,从而很好地解决具有复杂性和不确定性的现实问题。然而,目前关于煤矿安全风险因素间的关联关系大多由专家经验直接得到,这种传统的煤矿事故贝叶斯网络构建主要通过专家手工构建,对专家的专业性和经验性要求极高,所以该方法受限于专家的主观性、知识有限性和对问题的理解角度等因素。因此本章通过引入关联规则挖掘技术挖掘煤矿安全风险因素的关联关系来弥补专家经验存在的不足。

　　本章将在前文文本挖掘技术识别煤矿安全风险因素的基础上,将关联规则挖掘与贝叶斯网络相结合,进一步探究风险因素内部的复杂相互作用。通过关联规则挖掘方法对事故数据进行挖掘,从频繁的风险因素组合中发现有价值的关联规则,充分展示各种风险因素之间潜在关联关系。在此基础上,结合贝叶斯网络方法,通过敏感性分析、关键路径分析和统计频率分析识别风险因素内部的复杂相互作用,确定影响煤矿安全事故发生的主要风险因素及与其紧密关联的风险因素集,为煤矿企业有针对性地遏制关键风险因素和关键风险因素之间的传播路径进而为有效预防事故发生提供理论指导和技术支撑。

4.1 煤矿安全风险因素关联规则挖掘模型

对煤矿安全风险因素进行关联规则挖掘的目的是,探究事故统计中频繁出现并且对煤矿安全事故的发生有重要影响的因素及因素间的潜在关联关系。关联规则挖掘由 Agrawal 在超市购物篮分析(Market Basket Analysis,MBA)中首次提出,是研究数据库中项集之间潜在关联信息的方法。它是目前数据挖掘领域最活跃的研究方向之一[196],能从大量事故数据中发现导致事故发生的不确定因素间的关联特征,从而识别因素间的因果关系,辅助管理者进行决策,已经在诸多不同的领域得到了成功的应用。其中,Apriori 算法是一种用于发现多维隐藏数据集中有意义连接的关联分析方法[197],也是目前最经典且使用最为广泛的关联规则算法。因此,本书使用Apriori 算法从大量的多维度、多层次的煤矿事故数据中挖掘不同风险因素间隐含的有价值的关联规则,为后续研究奠定基础。

4.1.1 关联规则相关概念

本章所研究的煤矿安全风险因素的关联规则定义为在事故统计中频繁出现并对煤矿安全事故的发生有重要影响的因素之间的关系。研究中,煤矿安全风险因素关联规则挖掘问题的形式化描述是将每个煤矿事故报告看作一项事务 r_i,r_i 记录了影响此次事故发生的所有风险因素信息,全部 r_i 组成了事务数据库,即煤矿安全事故数据库 DB。每个事务 r_i 在 DB 上都有一个对应的 ID。

$$DB = \{r_1, r_2, \cdots, r_i, \cdots, r_n\}$$

将每个影响煤矿安全事故发生的风险因素看作一个项目 i_m,全部风险因素 i_m 构成了项集 I,包含 k 个风险因素的集合称为 k-项集。每个事务 r_i 对应项集 I 的一个子集,即 $r_i \subseteq I$。

$$I = \{i_1, i_2, \cdots, i_i, \cdots, i_m\}$$

如表 4-1 所示,煤矿安全事故全部风险致因信息(包含人员、管理、环境等所有引发事故的属性值)共同构成项集。"安全培训教育不到位""数据和资料造假""安全意识淡薄""安全监管不到位"等均为项目 i_m,{安全培训教育不到位,数据和资料造假,安全意识淡薄,安全监管不到位}为一个 4-项集;{安全培训教育不到位,安全意识淡薄,违规操作,违规使用国家明令禁止的设备和工艺,数据和资料造假,安全投入不足,安全监管不到位……}为一个事务 r_1,对应的 ID 值等于 1。

表 4-1　煤矿安全事故风险致因信息数据集示例表

ID	项　集
1	安全培训教育不到位、安全意识淡薄、违规操作、违规使用国家明令禁止的设备和工艺、数据和资料造假、安全投入不足、安全监管不到位……
2	安全意识淡薄、瓦斯检查制度不落实、违章指挥、不按规定携带人员定位卡和自救器、违规使用国家明令禁止的设备和工艺、数据和资料造假……
3	安全培训教育不到位、安全意识淡薄、作业人员未持证上岗、安全素质差、瓦斯检查制度不落实、未按规定安装安全监测监控设备……
4	瓦斯抽采措施未达到治理效果、安全管理和专业技术人员配备不足、爆破措施不落实、违章指挥、违规操作、违规使用国家明令禁止的设备和工艺……
⋮	⋮
n	安全意识淡薄、瓦斯抽采措施未达到治理效果、瓦斯检查制度不落实、违规操作、通风管理混乱、通风能力不足、通风设备不达标……

设事故风险因素项集 $I_1 \in I$,则 I_1 在事务数据库 DB 上的支持度(support)为 DB 中包含 I_1 的事务数量占 DB 中事务总数的比值,即在所有的煤矿安全事故报告中包含 I_1 中风险因素的事故数比例,也即煤矿安全事故数据库 DB 中包含 I_1 的事务出现的可能性,其计算公式为:

$$\text{support}(I_1) = \frac{\|r \in \text{DB}\| \|I_1 \in r\|}{\|\text{DB}\|} \tag{4-1}$$

式中,$\|\text{DB}\|$ 表示安全事故报告总数,$\|r \in \text{DB}\| \|I_1 \in r\|$ 表示事故报告数据集中包含 I_1 风险因素项集的事故报告数量。

支持度作为第一道筛选强关联规则的门槛指标,需要通过设置支持度阈值也就是最小支持度(minimum support,简写为 minsup)来删除出现率低的无意义的规则,进而筛选出频繁出现的普遍存在的关联规则。当 $\text{support}(I_1)$ 大于等于最小支持度(minsup)时,则称 I_1 为频繁项集。

假设当事故风险因素项集 I_1 出现时,可以通过一定的概率推断出事故风险因素项集 I_2 也会出现,则 $I_1 \Rightarrow I_2$ 且 I_1 和 I_2 不存在交集,这个概率称为置信度(confidence),它表示事务数据库 DB 中既包含项集 I_1 又包含项集 I_2 的事务数量占只包含项集 I_1 的事务数量的比值,即当 I_1 出现的情况下,I_2 出现的概率。其计算公式为:

$$\text{confidence}(I_1 \Rightarrow I_2) = P(I_2 \mid I_1) = \frac{\text{support}(I_1 \bigcup I_2)}{\text{support}(I_1)} \qquad (4\text{-}2)$$

其中,I_1 称为关联规则先导(antecedent),I_2 称为关联规则后继(consequent)。

置信度是第二道挖掘强关联规则的门槛指标,和支持度一样,也需要通过设置置信度阈值也就是最小置信度(minimum confidence,简写为 minconf)来进一步筛选可靠的关联规则。

在煤矿安全事故数据库 DB 中,当项集 $\{I_1, I_2\}$ 在满足支持度要求的同时,即为频繁项集时,又满足置信度大于等于设置的最小置信度,则 $I_1 \Rightarrow I_2$ 为强关联规则,用于反映煤矿安全事故数据中隐含的关联关系。例如,关联规则"通风能力不足⇒瓦斯浓度高"成立,表示通风能力不足与瓦斯浓度高具有强相关性,通风能力不足很大可能会造成瓦斯浓度高,即两个项集之间存在强关联性。

但研究者发现,有时即便是通过支持度和置信度筛选出来的强关联规则,其两个项集间也不一定存在强关联性,甚至有可能是彼此独立的。于是有了提升度(lift)的提出,解决了有着高水平支持度和置信度,却不是有效强关联规则的问题。

关联规则的提升度是指在 I_2 出现的概率基础上,I_1 的出现对 I_2 出现的可能性的提升程度,反映了关联规则的可靠性,计算公式为:

$$\text{lift}(I_1 \Rightarrow I_2) = \frac{P(I_2 \mid I_1)}{P(I_2)} = \frac{\text{support}(I_1 \bigcup I_2)}{\text{support}(I_1) \cdot \text{support}(I_2)} \qquad (4\text{-}3)$$

当提升度大于 1 时,该规则为有效强关联规则,是具有很大分析价值的对象;当提升度等于 1 时,关联规则前项和后项彼此独立,不存在关联性;当提升度小于 1 时,该规则没有现实意义。具体而言,关联规则的提升度取值越大说明关联规则先导对后继的提升作用越强,两者的关联性越强,该规则的价值越高。

4.1.2 关联规则挖掘步骤

利用关联规则挖掘技术分析煤矿安全事故数据,不仅能从频繁的事故风险因素组合中发现有价值的关联规则,还能充分显示各种风险因素之间的潜在关联和对事故的影响程度,这对煤矿安全事故风险因素相互作用机制和事故预防研究具有指导意义。本研究在通过文本挖掘识别出煤矿安全事故风险因素的基础上,采用关联规则挖掘中经典的 Apriori 算法对煤矿事故风险致因信息布尔数据集进行数据挖掘,以期获得煤矿安全风险因素之间的强关联规则,具体包括以下步骤:

(1) 构建煤矿安全事故数据库 DB,DB $= \{r_1, r_2, \cdots, r_i, \cdots, r_n\}$。

(2) 获得事故频繁项集(frequent patterns)。设置最小支持度(min-sup),然后通过关联规则分析算法的运算在煤矿安全事故数据库中筛选出满足大于等于最小支持度的所有项集,这一步是规则挖掘的核心步骤。目前研究工作者已经研究出了很多种挖掘频繁项集的计算方法,其中最经典的也是最原始的计算方法是从 1 阶频繁项集开始进行数据库扫描,在对数据库进行 $2^n - 1$ 次扫描(n 为最大频繁项集数)后,得到所有达到最低阈值设定的频繁项集。此种方法的工作量太大,随着 n 的增加,工作量呈指数级增长。为了解决这个问题,Agrawal 等提出了 Apriori 算法,后来又产生了许多 Apriori 算法的变种,大部分都是对 Aprior 算法的搜索效率进行了改进。

(3) 生成事故强关联规则(association rules)。设置最小置信度(min-conf),在获得的频繁项集中找出大于等于最小置信度的所有规则,即强关联规则。

(4) 删除非有效关联规则。在上一步生成的关联规则中筛选出提升度(lift)大于 1 的规则,删除提升度小于等于 1 的无效关联规则。

(5) 对有效强关联规则进行可视化展示。为了方便我们对强关联规则的直观认知和后续对规则的解读分析,利用可视化工具对项集、关联规则以及支持度、置信度、提升度等重要指标进行可视化展示。

(6) 对有效强关联规则进行解读分析。结合专家经验和煤炭开采安全管理实践中的规则、流程及研究目的进一步对规则进行筛选,并结合风险致因实际意义对挖掘到的规则进行解释分析。

具体的 Apriori 关联规则算法操作流程如图 4-1 所示。

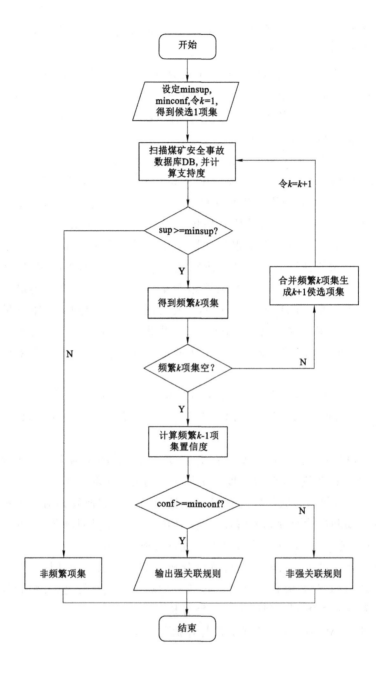

图 4-1 Apriori 关联规则算法操作流程

4.1.3 关联规则的分类

煤矿安全事故案例报告数据资源是珍贵且稀缺的,该数据资源包含的原始风险信息往往是离散的、碎片化的和静态的。想通过这些原始数据对煤矿安全生产风险进行动态实时分析,找出其中风险发生规律和风险机理,需要长期的数据积累和经验积累,这不利于发挥数据的时效性。因此,对这些数据的深度挖掘成为安全研究工作者们不断探索的一项艰巨且复杂的任务。根据研究内容和研究对象的不同,将煤矿安全风险因素间的关联规则分为以下几类。

(1)根据煤矿安全事故数据属性的维度,划分为单维关联规则和多维关联规则。

单维或多维规则主要看关联规则中的数据变量是否处于同一维度。如果在一条关联规则中的所有项都处于同一个维度,则该规则为单维规则,如规则{通风能力不足⇒瓦斯浓度高},仅仅涉及"通风能力不足"这一个事故属性,所以是一个单维关联规则。反之,如果在一条关联规则中包含两个及以上属性时,则该规则为多维规则,如规则{安全监管不到位,安全意识淡薄⇒安全培训教育不到位}是一个多维关联规则。

(2)根据煤矿安全事故属性的层次结构,划分为单层关联规则和多层关联规则。

单层或多层规则主要看关联规则所处理的数据层次是否在同一层次。如果在一条关联规则中所有项都处于同一抽象层次,则该规则为单层规则,如{通风能力不足⇒瓦斯浓度高},其中属性"通风能力不足"和"瓦斯浓度高"都处于同一层次结构。反之,如果在一条关联规则中包含两个及以上层次时,则该规则为多层规则,如规则{安全意识淡薄,安全培训教育不到位⇒重大事故}是一个多维关联规则。

本书关联规则处理的变量类型都是布尔型,所以称为布尔型关联规则。

4.2 基于 Apriori 算法的煤矿安全风险因素关联规则挖掘

4.2.1 数据来源

对事故报告中记录的事故风险因素进行关联规则分析,有助于及时发现事故发生与风险因素之间的关联规律。上文通过文本挖掘技术对 828 份煤矿事故报告进行挖掘分析,实现了将事故报告文本信息转化成为结构化数据信息,构建了煤矿事故风险致因信息布尔数据集,为利用关联规则技术挖掘事故风险因素间的潜在关联和对事故的影响程度提供了有力的数据支撑。本书用于规则挖掘的基础数据如表 4-2 和表 4-3 所示。

表 4-2　用于规则挖掘的事故属性

属性	具体属性指标
事故原因	监管部门(7)、煤矿企业(13)、现场管理(33)、作业人员(11)、环境与设备(12)
事故等级	一般事故(A),较大及以上事故(G)

根据本章关联规则挖掘需求,只需要表 4-2 中事故等级和事故原因两类涉及事故信息的属性作为关联规则挖掘分析数据对象。

表 4-3 是通过前文文本挖掘构建的布尔数据集,每一行代表一条事故,"1"表示该事故中出现了此风险因素,"0"表示没有出现此风险因素,总共有 828 条事故风险集合。

表 4-3　关联规则挖掘基础数据集

事故数	事故等级	风险因素 1	风险因素 2	风险因素 3	⋯	风险因素 78
1	A	0	1	0	⋯	0
2	G	1	1	0	⋯	1
⋮	⋮	⋮	⋮	⋮	⋮	⋮
828	A	0	1	1	⋯	0

4.2.2　煤矿安全风险因素关联规则挖掘

本书选取 R 语言作为实现关联规则挖掘的工具,R 语言中的 arules 和 arulesviz 软件包是专门用于关联分析的软件包,选用 arules 软件包中的 apriori 函数用于挖掘频繁项集和关联规则。Apriori 算法中支持度和置信度是两个重要的条件变量,它们阈值的设置直接影响着关联规则挖掘的结果[198]。从现有文献来看,目前还没有关于关联规则挖掘技术设置最小支持度和置信度阈值的标准。为了既不会产生大量的无用规则,同时也不会漏掉重要的规则,结合煤矿安全事故各属性特征的支持度差异较大的特点,本书以各事故属性特征出现频率的均值作为最小支持度阈值参考。在此基础上，采用试错法设定不同的最小支持度和置信度组合，经重复试验，结合专家意见和现场矿负责人意见对比挖掘出的强关联规则与煤炭开采安全管理实践中的规则和流程的吻合度，由此最终确定最小支持度阈值和置信度阈值。

在经过多次试验后，根据 Apriori 算法分析的要求，最终设置最小支持度为 0.06、最小置信度为 0.4。算法运行后得到 367 条关联规则，将提升度小于 1.1 的弱关联规则剔除最终得到 331 条强关联规则。强关联规则中蕴含了影响煤矿安全生产的重要风险因素及因素间紧密的关联联系，正是由于这些风险因素的相互作用，增加了事故发生的可能性。

利用 R 语言中的 arulesviz 可视化工具包将 331 条挖掘结果进行可视化展示，得到如图 4-2 所示的关联规则的支持度、置信度和提升度的散点图。图中每个点对应相应的支持度和置信度值，横轴表示支持度，刻度范围为 0.06～1.00，纵轴表示置信度，刻度范围为 0.40～1.00，点的颜色深浅表示关联规则的提升度大小，其由浅到深的颜色变化表示提升度值，范围为 1.1～4.76。

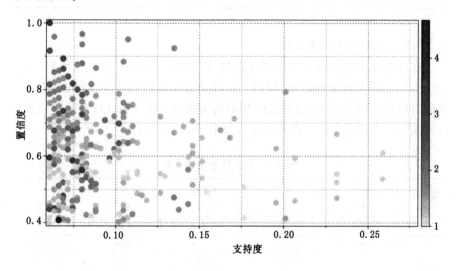

图 4-2　331 条关联规则各指标散点图

图 4-2 将强关联规则各项指标的分布情况进行了直观的展示。通过统计，本书所用数据的支持度分布在 0.06～0.12 之间的关联规则占比86.4％，支持度偏低，置信度分布在 0.4～0.8 之间的关联规则占比 90％且分布较为

均匀,之后随着置信度越高规则数量越少,提升度分布在 1.1～2.5 之间的关联规则占比 87.6%,且提升度较高的点大多分布在置信度较高的区域。提升度位列前 5 的关联规则如表 4-4 所示,它们表明了前项因素和后项因素具有较强的正相关关系。如第一条规则"{M28 通风能力不足}⇒{G6 瓦斯浓度高}"的提升度最高,值为 4.763,表明通风能力不足与瓦斯浓度高两风险因素间有较强的正相关关系,这是因为在煤炭开采过程中会有大量瓦斯涌出,这个时候如果井下通风能力不足导致通风效果不好就会造成瓦斯积聚,从而导致瓦斯浓度升高,因此两者间具有强相关性。

表 4-4　提升度排名前 5 的关联规则

序号	前项	后项	support	confidence	lift
1	M28	G6	0.066	0.774	4.763
2	G6	M28	0.066	0.407	4.763
3	E1,E2	M15	0.063	0.442	4.587
4	P1	G11	0.060	0.815	4.350
5	E2,G6	M4	0.060	0.611	4.186

4.2.2.1　高支持度关联规则

在 331 条关联规则挖掘结果中选取支持度排名前 50 的关联规则,如表 4-5 所示,包括关联规则的前项和后项,以及每条规则对应的支持度、置信度和提升度值。可以看到,这些关联规则的支持度范围为 0.132～0.284,置信度范围为 0.412～0.925,提升度范围为 1.108～1.896。

表 4-5　高支持度关联规则

序号	前项	后项	support	confidence	lift
1	{E4}	{M3}	0.284	0.640	1.312
2	{M3}	{E4}	0.284	0.582	1.312
3	{S2}	{E4}	0.259	0.610	1.252
4	{E4}	{S2}	0.259	0.531	1.252
5	{E5}	{E4}	0.231	0.667	1.367
6	{E4}	{E5}	0.231	0.545	1.367
7	{S2}	{M3}	0.231	0.522	1.230
8	{M3}	{S2}	0.231	0.475	1.230

表 4-5(续)

序号	前项	后项	support	confidence	lift
9	{E5}	{M3}	0.207	0.595	1.342
10	{M3}	{E5}	0.207	0.466	1.342
11	{P5}	{E4}	0.201	0.793	1.627
12	{E4}	{P5}	0.201	0.412	1.627
13	{E1}	{S2}	0.196	0.628	1.468
14	{S2}	{E1}	0.196	0.623	1.468
15	{G,M3}	{E4}	0.190	0.711	1.459
16	{E4,G}	{M3}	0.190	0.605	1.365
17	{E5}	{S2}	0.176	0.508	1.197
18	{S2}	{E5}	0.176	0.416	1.197
19	{S2,G}	{E4}	0.174	0.670	1.375
20	{E4,G}	{S2}	0.174	0.553	1.301
21	{M2}	{E4}	0.171	0.713	1.462
22	{E2}	{S2}	0.168	0.649	1.530
23	{E3}	{S2}	0.163	0.678	1.599
24	{E1}	{M3}	0.154	0.491	1.108
25	{M3,S2}	{E4}	0.152	0.655	1.343
26	{E4,S2}	{M3}	0.152	0.585	1.319
27	{E4,M3}	{S2}	0.152	0.534	1.257
28	{E5,G}	{E4}	0.149	0.684	1.402
29	{E4,G}	{E5}	0.149	0.474	1.365
34	{E4,M3}	{E5}	0.146	0.515	1.482
30	{E5,M3}	{E4}	0.146	0.707	1.449
32	{M2}	{S2}	0.146	0.610	1.436
31	{E4,E5}	{M3}	0.146	0.631	1.423
33	{P5}	{M3}	0.146	0.576	1.299
36	{E2}	{E1}	0.143	0.553	1.761
37	{E1}	{E2}	0.143	0.456	1.761
35	{E3}	{M3}	0.143	0.598	1.348
38	{G,M3}	{S2}	0.143	0.536	1.264
39	{G,S2}	{M3}	0.143	0.553	1.247
40	{P3}	{E4}	0.140	0.689	1.413
41	{E3}	{E1}	0.138	0.575	1.830

表 4-5(续)

序号	前项	后项	support	confidence	lift
42	{E1}	{E3}	0.138	0.439	1.830
43	{E3}	{E4}	0.138	0.575	1.179
44	{M3,P5}	{E4}	0.135	0.925	1.896
45	{E4,M3}	{P5}	0.135	0.476	1.877
46	{E4,G}	{P5}	0.135	0.430	1.696
47	{G,P5}	{E4}	0.135	0.817	1.675
48	{E4,P5}	{M3}	0.135	0.671	1.513
49	{G,M3}	{E5}	0.132	0.495	1.421
50	{E5,G}	{M3}	0.132	0.608	1.370

高支持度的关联规则反映了在发生的煤矿安全事故案例中出现频次较高的风险因素组合,称之为高频风险组,这对于煤矿安全风险预控工作具有重要的实际意义。根据表 4-5 的结果进行分析,支持度最高的规则是"{E4安全培训教育不到位}⇒{M3 未严格贯彻落实隐患排查制度}",支持度值为0.284,这表明在某起煤矿安全事故中,"安全培训教育不到位"和"未严格贯彻落实隐患排查制度"风险因素会同时出现的概率为 28.4%。规则"{监管不到位,较大及以上事故}⇒{安全培训教育不到位}"的支持度为 0.174,意味着监管部门层面"监管不到位"、煤矿企业层因素"安全培训教育不到位"和"较大及以上事故"类型有 17.4%的概率会同时出现。类似地,还可以得到其他在煤矿安全生产事故中出现较为频繁的因素组合,可分为两类。

(1)事故风险因素间的频繁关系。

主要有:安全监管不到位与安全培训教育不到位;未严格制定和执行安全技术措施与安全培训教育不到位;安全监管不到位与未严格贯彻落实隐患排查制度;未严格制定和执行安全技术措施与未严格贯彻落实隐患排查制度;安全意识淡薄与安全培训教育不到位;安全管理混乱与安全监管不到位;未严格制定和执行安全技术措施与安全监管不到位;未严格落实矿领导带班下井制度与安全培训教育不到位;违法违规组织生产与安全监管不到位;安全管理、专业技术人员配备不足与安全监管不到位;安全管理混乱与安全培训教育不到位;安全管理混乱与未严格贯彻落实隐患排查制度;安全监管不到位、未严格贯彻落实隐患排查制度与安全培训教育不到位;安全培训教育不到位、未严格贯彻落实隐患排查制度与未严格制定和执行安全技术措施;未严格落实矿领导带班下井制度与安全监管不到位;安全意识淡薄与未严格贯彻落实隐患排查制度;违法违规组织生产与安全管理混乱;安全管理、专业技术人员配备不足与未严格贯彻落实隐患排查制度;违章作业与安全培训教育不到位;安全管理、专业技术人员配备不足与安全管理混乱;安全管理、专业技术人员配备不足与安全培训教育不到位等。

（2）事故风险因素与事故等级的联系。

例如:较大及以上事故和安全培训教育不到位;一般事故和未严格贯彻落实隐患排查制度;一般事故和安全监管不到位;较大及以上事故和未严格贯彻落实隐患排查制度等。

以上都是容易在煤矿安全事故中频繁出现的因素组合,这些风险因素经常会一起出现进而导致事故的发生,它们的相互频繁影响对煤矿安全生产造成了很大的威胁,因此需要对这些风险因素进行重点关注和防控,减少煤矿事故发生。

4.2.2.2 高置信度关联规则

在 331 条关联规则挖掘结果中选取置信度排名前 50 的关联规则,如表 4-6 所示,包括高置信度关联规则的前项和后项,以及每条规则对应的支持度、置信度和提升度值。可以看到,这些关联规则的支持度范围为 0.061～0.201,置信度范围为 0.759～1.000,提升度范围为 1.397～4.763。

表 4-6 高置信度关联规则

序号	前项	后项	support	confidence	lift
1	{G6,M4}	{E2}	0.061	1.000	3.862
2	{P5,S2}	{E4}	0.107	0.951	1.951
3	{E5,P3}	{E4}	0.080	0.935	1.919
4	{M3,P5}	{E4}	0.135	0.925	1.896
5	{E3,M4}	{E1}	0.061	0.917	2.919
8	{E1,G6}	{E2}	0.069	0.893	3.448
6	{E5,P5}	{E4}	0.105	0.884	1.812
7	{E4,S6}	{G}	0.061	0.880	1.426
9	{M3,S6}	{S2}	0.080	0.879	2.071
10	{P3,P5}	{E4}	0.077	0.875	1.794
11	{M2,P5}	{E4}	0.088	0.865	1.774

表 4-6(续)

序号	前项	后项	support	confidence	lift
12	{E2,G1}	{E1}	0.069	0.862	2.745
14	{G,M4}	{E1}	0.069	0.862	2.745
15	{M6}	{G}	0.069	0.862	1.397
13	{E7,M2}	{S2}	0.063	0.852	2.008
16	{M30}	{E2}	0.077	0.848	3.277
17	{E2,M2}	{E1}	0.072	0.839	2.671
19	{E2,M32}	{E1}	0.069	0.833	2.654
18	{E1,P5}	{E4}	0.066	0.828	1.697
20	{E1,M15}	{E2}	0.063	0.821	3.172
21	{E2,M15}	{E1}	0.063	0.821	2.616
22	{G1,M2}	{E1}	0.063	0.821	2.616
23	{P5,P7}	{E4}	0.063	0.821	1.685
24	{G,P5}	{E4}	0.135	0.817	1.675
25	{M33}	{S2}	0.085	0.816	1.923
26	{E2,E3}	{S2}	0.085	0.816	1.923
27	{P1}	{G11}	0.061	0.815	4.350
28	{G2}	{E2}	0.061	0.815	3.147
29	{G2}	{E1}	0.061	0.815	2.595
34	{E2,M2}	{S2}	0.069	0.806	1.901
30	{M15}	{E2}	0.077	0.800	3.089
32	{M15}	{E1}	0.077	0.800	2.547
31	{M4,S2}	{E1}	0.077	0.800	2.547
33	{G1,S2}	{E1}	0.066	0.800	2.547
36	{P5}	{E4}	0.201	0.793	1.627
37	{S4}	{S2}	0.083	0.789	1.861
35	{M2,M3}	{E4}	0.102	0.787	1.614
38	{M9}	{E2}	0.061	0.786	3.034
39	{E4,E7}	{S2}	0.061	0.786	1.852
40	{E2,M4}	{E1}	0.080	0.784	2.496
41	{M3,P3}	{E4}	0.088	0.780	1.601

表 4-6(续)

序号	前项	后项	support	confidence	lift
42	{M28}	{G6}	0.066	0.774	4.763
43	{M28}	{E2}	0.066	0.774	2.990
44	{M3,P7}	{S2}	0.074	0.771	1.818
45	{P6,S2}	{E4}	0.063	0.767	1.572
46	{S2,S6}	{M3}	0.080	0.763	1.721
47	{E1,E3}	{S2}	0.105	0.760	1.791
48	{G,M4}	{E2}	0.061	0.759	2.930
49	{P3,S2}	{M3}	0.061	0.759	1.710
50	{M6}	{E4}	0.061	0.759	1.556

　　高置信度关联规则表示煤矿安全事故各项风险因素间的关联关系置信度较高,也即在关联规则前项中的因素发生情况下,后项中的因素也同时发生的可能性,其中规则"{S2 安全监管不到位,P5 安全意识淡薄}⇒{E4 安全培训教育不到位}"的置信度最高,值为 1.000,这表明在某起煤矿安全生产事故中如果 S2 和 P5 同时出现,那么 E4 出现的概率为 100%,即当安全监管不到位和安全意识淡薄时,很大可能性存在安全培训教育不到位的问题。类似地,还可以得到其他置信度较高的因素间的关联关系,可分为两类。

　　(1)事故风险因素彼此间的相关关系

　　例如,违章作业、未严格制定和执行安全技术措施与安全培训教育不到位;安全意识淡薄、未严格贯彻落实隐患排查制度与安全培训教育不到位;安全管理和专业技术人员配备不足、数据和资料造假与安全管理混乱;安全管理混乱、瓦斯浓度高与违法违规组织生产;安全意识淡薄、未严格制定和执行安全技术措施与安全培训教育不到位;安全管理和技术措施审批不到位、未严格贯彻落实隐患排查制度与安全监管不到位;安全意识淡薄、违章作业与安全培训教育不到位;安全意识淡薄、未严格落实矿领导带班下井制度与安全培训教育不到位;违法违规组织生产、未按规定安装安全监测监控设备与安全管理混乱;不执行监管指令、未严格落实矿领导带班下井制度与安全监管不到位;安全管理混乱、安全意识淡薄与安全培训教育不到位;安全管理混乱、瓦斯检查制度不落实与违法违规组织生产;未按规定安装安全监测监控设备、未严格落实矿领导带班下井制度与安全管理混乱;安全意识淡薄、违章指挥与安全培训教育不到位；作业人员未持证上岗与安全监管不到位；安全管理和专业技术人员配备不足、违法违规组织生产与安全监管不到位；未安装人员定位系统与安全管理混乱；违法违规组织生产、未严格落实矿领导带班下井制度与安全监管不到位；瓦斯检查制度不落实与安全管理混乱；安全监管不到位、数据和资料造假与安全管理混乱；安全监管不到位、未按规定安装安全监测监控设备与安全管理混乱；未严格贯彻落实隐患排查制度、未严格落实矿领导带班下井制度与安全培训教育不到位；安全培训教育不到位、不执行监管指令与安全监管不到位；数据和资料造假、违法违规组织生产与安全管理混乱；违章作业、未严格贯彻落实隐患排查制度与安全培训教育不到位等。

（2）事故风险因素与事故等级的相关关系

安全意识淡薄、安全培训教育不到位和较大及以上事故；安全管理和专业技术人员配备不足、较大及以上事故和安全培训教育不到位；安全管理和专业技术人员配备不足、安全监管不到位和较大及以上事故；未严格贯彻落实隐患排查制度、较大及以上事故和安全培训教育不到位等。

通过关联规则挖掘，发现煤矿事故风险因素间的关联性、导向性较强，因此在煤矿安全生产风险预控过程中需要对相关的风险因素进行重点管控，同时密切关注这些因素间的导向关系，并采取措施切断此关联的发生，从而防止风险因素相互作用导致更大的事故。

4.2.3 关联规则可视化分析

将煤矿安全风险因素关联规则挖掘结果进行可视化展示是数据挖掘的一个优势所在。煤矿安全生产系统涉及的风险因素较多，如果对所有挖掘出的关联规则进行逐一分析不但困难而且分析结果也不够直观，因此本小节分别选取支持度和置信度比较高的关联规则进行展示及分析，使煤矿安全工作者能够更清晰直观地解读煤矿安全事故风险因素间的关联性，更明确将来煤矿安全风险防控工作的管理重心。

（1）高支持度关联规则可视化分析

提取支持度最高的 50 条规则绘制如图 4-3 所示的关联规则网络关系图。图中一个灰色圆圈代表一条关联规则，灰色圆圈的大小表示支持度大小，颜色深浅表示置信度大小，颜色越深表示置信度越大，有向箭头表示关联规则的前项指向后项，节点间有向边代表因素间的关联关系。通过该图可以直观地看到各风险因素间的频繁关联关系以及各风险因素与事故的频繁紧密联系。

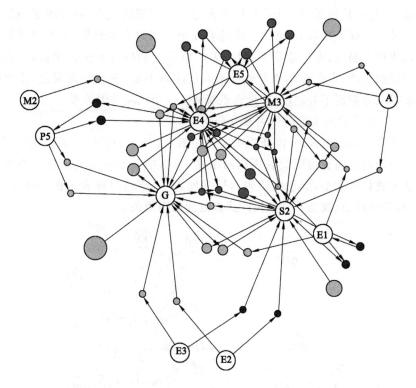

图 4-3　高支持度关联规则的网络可视化

从整个网络分布中可以看到,节点 E4 安全培训教育不到位、M3 未严格贯彻落实隐患排查制度、S2 安全监管不到位、E1 安全管理混乱和 E5 未严格制定和执行安全技术措施处于整个网络关系图的中心位置,它们周围连接的密度反映了该节点所在区域的复杂性,这说明这 5 项风险因素与其他风险因素关联紧密并且影响范围广,是引起事故发生的关键因素,始终贯穿在所有的煤矿安全生产事故中。从图中得知这 5 项关键因素与其他风险因素之间存在较频繁的关联性,根据海因里希提出的事故多米诺理论可知,当这 5 项处于核心的风险因素存在时,极有可能导致在后续的煤炭开采过程中出现关于人—机—环—管各个层面的连锁反应。因此着重对这 5 个风险因素进行防护可以从一定程度上降低对其他风险因素的影响,进而减少煤矿生产系统的危险性。

另外图 4-3 中节点 G 代表发生的较大及以上事故类型,也处于关联规则主要集中点,其与图中 9 个风险因素都存在较频繁的关联,这反映了当发生较大及以上煤矿事故时,通常会伴随着安全培训教育不到位、未严格贯彻落实隐患排查制度、安全监管不到位、未严格制定和执行安全技术措施、违法违规组织生产、安全管理和专业技术人员配备不足、安全管理混乱、未严格落实矿领导带班下井制度、安全意识淡薄这 9 个风险致因因素。

(2) 高置信度关联规则可视化分析

提取置信度最高的 30 条规则绘制如图 4-4 所示的置信度关联规则网络图。与绘制最高支持度关联规则网络图一样,唯一不同的是灰色圆圈的大小表示置信度大小,颜色深浅表示提升度大小,颜色越深表示提升度越大。通过该图可以直观地看到各风险因素之间的因果关系。

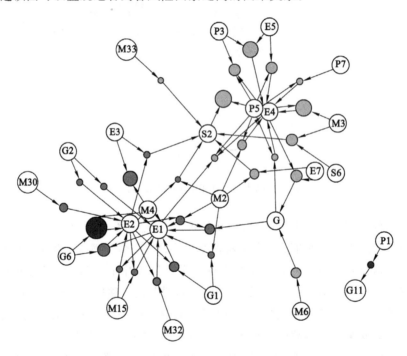

图 4-4 高置信度关联规则的网络可视化

图 4-4 与图 4-3 一样,呈现出煤矿事故与风险因素关联规则具有聚集的特征。图 4-4 中,关联规则主要集中在 E1 安全管理混乱、E2 违法违规组织

生产、S2 安全监管不到位、E4 安全培训教育不到位、M4 数据和资料造假和 P5 安全意识淡薄因素上,这表明这几个风险因素的发生往往会引起其他与它们有高置信度关联性的风险因素发生。从节点周围的聚集程度可以看到与安全管理混乱、违法违规组织生产和安全培训教育不到位相关的风险因素数最多,其次是安全监管不到位,最后是数据和资料造假和安全意识淡薄,这些风险因素如果处于失控状态会对其他与它们相关的所有风险因素都造成影响,波及范围极广,使整个生产系统处于危险状态中。因此对这几个风险因素进行合理防控可以有效切断风险在因素之间的传播。

由于篇幅有限,只对部分高支持度和置信度关联规则分析结果进行了展示。通过挖掘出的 331 条风险因素强关联规则,得到煤矿安全事故中容易发生的高频风险因素以及各风险因素之间的显著关联关系,为后文构建贝叶斯网络拓扑结构奠定了理论基础。

4.3　基于煤矿安全风险因素关联规则的煤矿事故贝叶斯网络

贝叶斯网络方法可以对一组变量之间的概率关系进行直观的表示,这一过程同时具有分析速度快、效果好的特点。本节结合煤矿安全风险因素关联规则挖掘结果来构建煤矿安全事故贝叶斯网络,利用贝叶斯网络方法进一步量化分析各风险因素对事故的影响大小,识别风险因素内部的复杂相互作用,解决由于煤矿安全事故高度不确定性导致的风险难以管控问题。

4.3.1　贝叶斯网络

贝叶斯网络源于著名的统计学学派——贝叶斯学派,其以条件概率论或托马斯·贝叶斯的贝叶斯公式为依据,利用有向无环图来刻画要素间的因果关系,并通过条件概率表来对网络的联合概率进行描述,从而实现不确定性推理[199]。由于在贝叶斯网络中事件发生的概率会随着条件的更新而变化,因此贝叶斯网络在进行网络构成要素间的因果表达以及概率推理上具有优秀的性能,非常适用于对诸如煤矿事故致因这类具有复杂性以及不确定性的问题进行分析。

（1）有向无环图

有向无环图是一种没有回路的有向图,即对于一个有向图而言,从其一个节点出发,无法经过若干边后回到该节点。在有向无环图中,若节点 0 存在指向节点 1 的边,则一定不存在由节点 1 指向节点 0 的边,如此即形成由 0 指向 1 的单项箭头,如图 4-5 所示。

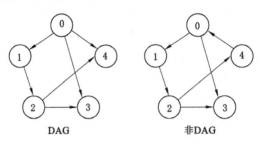

图 4-5   有向无环图

有向无环图作为一种图状结构,其与树状结构的区别在于:树状结构存在分叉,但树中任意两个节点之间只能存在一条连接路径,也即无法形成闭合的图形,相对的,有向无环图中存在闭合。

(2)条件概率表

贝叶斯网络利用有向无环图来表达图中节点之间的因果关系,在此基础上,为网络中每一个节点赋予其先验概率,由此构成条件概率表,进一步将网络中所有节点所对应的概率分布相乘,即能够获得全部网络的联合概率分布。

所谓条件概率,即是指已知事件 A 发生的情况下,所研究的目标事件 B 将会发生的概率。作为一种典型的概率模型,贝叶斯网络以条件概率为核心,进行更为复杂问题的研究。设事件 A、B 发生的概率分别为 $P(A)$、$P(B)$,且二者均大于零,则在事件 A 发生的条件下,事件 B 的发生概率为:

$$P(B \mid A) = \frac{P(AB)}{P(B)} \tag{4-4}$$

其中,$P(AB)$ 表示事件 A、B 同时发生的概率。

由于包括煤矿系统在内的绝大多数实际环境中的系统并不是独立存在的,因此其中的某一事件的发生多受到多个不同因素的影响,这种情况下,某事件的发生概率即为系统中其他因素发生的概率和由其他因素使目标事件发生的概率之和。以事件 B 的发生为例,设一组事件原因为 A_1,A_2,A_3,$\cdots$,A_i,且 $P(A_i)$ 大于 0,则满足公式:

$$P(B) = P(B \mid A_1)P(A_1) + P(B \mid A_2)P(A_2) + \cdots + P(B \mid A_i)P(A_i)$$

$$(4-5)$$

由式(4-4)及式(4-5)，得到贝叶斯公式：

$$P(A_i \mid B) = \frac{P(A_i)P(B \mid A_i)}{\sum_{i=1}^{n} P(A_i)P(B \mid A_i)}$$

式中，$P(B \mid A_i)$为在事件A_i发生的条件下事件B发生的概率，所有事件A_i共同构成一个完备事件组，即A_i之间两两不相容，且和为全集。此时，称$P(B)$为B的先验概率，即不考虑任何其他因素时，事件B发生的概率。在贝叶斯网络中，先验概率的确定是进行后续推理的前提。先验概率一般分为两类：其一为客观先验概率，即通过统计已有的资料或历史数据并加以计算获得的概率；其二为主观先验概率，即在不具备相关的历史数据或资料、抑或是数据资料不完整时，利用人的主观经验来判断所获得的概率。正是由于先验概率所具备的两种不同的获取途径，使得贝叶斯网络在构建过程中具有极佳的灵活性。

（3）联合概率分布

确定贝叶斯网络条件概率表后，对网络的联合概率进行计算。联合概率分布是由至少两个随机变量所组成的随机变量的分布，其依据所组成的随机变量的类型，可细分为两种情况：连续型随机变量联合概率分布和离散型随机变量联合概率分布，两者分别以列表、函数的形式或一阶非负函数的积分的形式来进行表示。

对于离散型随机变量联合概率分布，以二维离散型随机变量X、Y为例，设两者的概率分布如下：

$$P(X = x_i) = \sum P\{X = x_i, Y = y_j\} = \sum_j p_{ij} = p_i \qquad (4-6)$$

$$P(Y = y_j) = \sum P\{X = x_i, Y = y_j\} = \sum_i p_{ij} = p_j \qquad (4-7)$$

式中，$p_{ij} \geq 0$，且$\sum p_{ij} = 1$。由此，可以得到两者的联合概率分布：

$$P(X = x_i, Y = y_i) = p_{ij} \qquad (4-8)$$

对于连续型随机变量的联合概率分布，设X、Y为连续型随机变量，则两者的联合概率分布$F(X,Y)$可通过一阶非负函数$f(x,y)$的积分进行表示，称其为联合概率密度函数：

$$f(x,y) = \int_{-\infty}^{x} \int_{+\infty}^{x} f(u,v) \mathrm{d}u \mathrm{d}v \qquad (4-9)$$

进一步,以 $f_1(x)$、$f_2(y)$ 表示随机变量 X、Y 的概率密度函数:

$$f_1(x) = \int_{-\infty}^{+\infty} f(x, y) \mathrm{d}y, \quad -\infty < x < +\infty \tag{4-10}$$

$$f_2(y) = \int_{-\infty}^{+\infty} f(x, y) \mathrm{d}x, \quad -\infty < y < +\infty \tag{4-11}$$

可以看到,$f(x, y)$ 在决定了 X、Y 的联合概率分布的同时,也确定了 X、Y 的概率分布。将连续型随机变量联合概率分布推广至多个连续型随机变量的情况:

$$f(x_1, x_2, \cdots, x_n) = \int_{-\infty}^{+\infty} \cdots \int_{+\infty}^{+\infty} (X_1, X_2, \cdots, X_n) \mathrm{d}x_1 \cdots \mathrm{d}x_n \tag{4-12}$$

其中,$(X_1, X_2, \cdots, X_n)$ 为一组多维的连续型随机变量,则其联合概率分布函数为:

$$F(X_1, X_2, \cdots, X_n)] = P(X_1 \leqslant x_1, X_2 \leqslant x_2, \cdots, X_n \leqslant x_n) \tag{4-13}$$

当网络中各节点因素的联合概率分布被确定后,借助贝叶斯网络将复杂的联合概率分布分解为相对简单的先验概率和条件概率的乘积,即可对复杂致因网络进行有效推理和知识获取。

(4) 贝叶斯网络分析基本流程

在贝叶斯网络原理的指导下,进行基于贝叶斯网络的分析推理,包括以下三个步骤。

第一步,构建贝叶斯网络结构。贝叶斯网络结构的构建依赖于两种方式:基于人的经验的结构确定,以及基于结构学习的结构确定。前者依赖于过往研究以及专家知识,通过分析节点因素之间的因果关系来构建 DAG 中边的指向。后者则是在一定的条件下,通过特定算法对数据中的潜在信息进行发现,以确定各因素间的依赖关系。通常情况下,面对复杂系统中众多的节点所带来的节点关系数量呈指数级增长的情况,依赖于人的认知能力的前种方式往往难以保证其是否可靠,因此基于结构学习的网络结构构建方式更具有客观性。但与此同时,受限于数据的可靠性以及数据采集能力,单纯依赖数据学习来进行因素间依赖关系的常出现违背常理的情况,因此,结合专家的经验或其他方法来优化结构学习的过程是目前被广泛采用的方法。常用的贝叶斯网络结构学习算法包括:评分搜索法、依赖分析法、混合学习等。

第二步,确定贝叶斯网络节点参数。贝叶斯网络参数的确定与结构的确定相似,同样可以依赖于专家知识与基于数据的参数学习两种方式来完成。前者通过专家分析,确定网络中各因素的条件概率表。后者则使用最大似然估计法、贝叶斯估计法或期望最大值法来估计各节点处的条件概率。

第三步,推理分析。贝叶斯网络推理分析的目的是,在确定贝叶斯网络结构及参数的条件下,从所要研究的证据变量出发,计算当结构发生变化或是某些因素的条件概率发生变化时,其他网络节点新的概率分布,从中得到有关节点间作用机理、证据变量关键路径等信息。常用的推理方法包括变量法、联合树算法等。

4.3.2　基于关联规则结果的煤矿事故贝叶斯网络模型构建

构建煤矿安全事故贝叶斯网络模型的关键是确定贝叶斯网络拓扑结构和结构中节点的条件概率,这是一个不断调整优化的过程。

贝叶斯网络拓扑结构的确定其实就是确定煤矿安全事故风险因素节点及节点间的关系,目前主要采用的方法有三种:基于专家知识的方法、贝叶斯网络结构学习法以及二者相结合的方法。基于专家知识的方法主要是依靠专家丰富的先验知识来确定变量因素及因素间的因果关系从而建立模型,具有较强的主观性。同时,在这个过程中,由于专家存在认知上的客观局限性,通常无法完整地发现事故发生过程中隐含的因素间的相互作用关系,这导致建立的模型存在遗漏或者不足。基于贝叶斯网络结构学习的方法主要是利用机器学习算法寻找到与数据集拟合度最高的拓扑结构,利用这一方法所构建的拓扑结构的优劣则取决于用于训练学习数据的质量,具有较强的客观性,但不可避免地,由于煤矿事故案例统计、表述口径的差异,所收集的案例数据间存在一定程度的不一致性,这将导致结构学习过程会得到不满足预期的结果。对此,为了不遗漏风险因素节点及节点间的关系,同时最大可能地排除不符合理论或煤矿实际情况的节点连接,本书提出一种将客观与主观进行有效结合的新的构建煤矿安全事故贝叶斯网络拓扑结构的方法。首先将上文挖掘所得的风险因素关联规则与专家经验相结合,充分利用事故案例数据和专家丰富的经验知识来建立初始的贝叶斯网络拓扑结构,然后利用结构学习算法对初始的网络结构进行调整完善,最终获得煤矿安全事故贝叶斯网络拓扑结构。基于风险因素关联规则的煤矿事故贝叶斯网络模型构建流程如图 4-6 所示。

(1)煤矿安全事故贝叶斯网络模型构建

利用 GENIE 2.0 贝叶斯网络软件,基于上文利用关联规则挖掘技术得

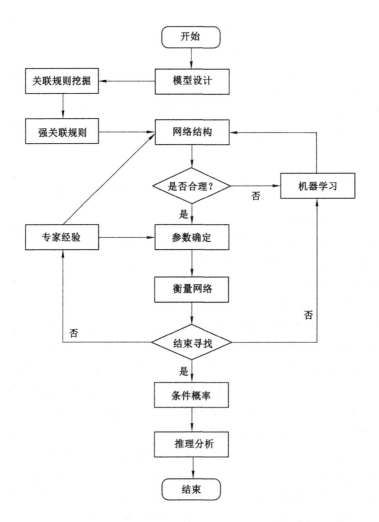

图 4-6 基于风险因素关联规则的煤矿事故贝叶斯网络模型构建流程

到的煤矿安全风险因素强关联规则挖掘结果,以煤矿安全开采相关理论和专业知识为支撑,将强关联规则的前项和后项作为网络结构中的节点,将前项和后项之间的显著关联关系作为有向边,得到一个最初的基于风险因素关联规则的煤矿安全事故贝叶斯网络结构。然后利用专家经验知识对现有的网络节点关系进行定量评价,对于不符合理论和煤矿实际的节点连接予以删除,以获得更加准确的网络结构。具体步骤为:先制定网络节点间的因果关系评价标准,具体评价标准如表 4-7 所示,不同的分值表示不同的等级;然后各专家根据此标准对各网络节点间的因果关系的强弱程度进行评价分析,得到不同的评价结果,这一过程使用专家评价法中的德尔菲法进行研究,由咨询专家以无交流方式对各因素间的指向关系进行多轮评分。

表 4-7 网络节点因果关系评价标准

评价值	0	1	2	3	4
因果关系强弱程度	无因果关系	有较弱因果关系	有一定因果关系	较强因果关系	很强因果关系

利用如表 4-8 所示表格对贝叶斯网络中节点间因果关系评价值进行收集。

表 4-8 贝叶斯网络节点间因果关系评价值

父节点	子节点	因果关系评价值
安全培训教育不到位	安全意识淡薄	
	违章作业	
	未严格贯彻落实隐患排查制度	
	违章指挥	
	作业人员未持证上岗	
	……	
安全管理混乱	不执行监管指令	
	安全培训教育不到位	
	数据和资料造假	
	违法违规组织生产	
	未严格贯彻落实隐患排查制度	
	……	
数据和资料造假	瓦斯浓度高	
	违法违规组织生产	
	未严格贯彻落实隐患排查制度	
	未严格落实矿领导带班下井制度	
	安全管理和专业技术人员配备不足	
	……	
	……	

　　基于德尔菲法的专家评分共进行三轮。第一轮评分内容是在构建的初始贝叶斯网络结构中选出需要进行评价的节点间的因果关系来构成第一份征询调研表，分发给参与评价的每一位专家以对所有初步的因果关系进行打分。打分结束后，对第一轮调研结果进行收集、筛选、分析和整理，删除其中无因果关系的要素，并补充专家认为需要增加的要素间因果关系。

　　以第一轮评分结束后所得到的因果关系集为第二轮评分的征询调研内容，由专家以相同的方式进行第二轮评价。在这一轮中，仅对不具有因果关系的关联规则进行删除，而不再补充新的要素间关系。完成评分后，对结果进行收集和删减。

　　同样地，进行第三轮专家意见征询，直至专家间的意见基本统一。最后对第三轮专家评分结果进行整理汇总，得到各风险因素间关系的评价结果。

　　根据专家评价结果，将评价值小于 1 的风险因素节点关系进行删除，得到了结合风险因素关联规则和专家经验的煤矿安全事故贝叶斯网络拓扑结构。虽然利用专家经验优化了初始的基于关联规则挖掘结果建立的网络结构，但由于挖掘的大量煤矿事故与风险因素关联规则依然使得构建的网络结构十分复杂。这主要是因为通过关联规则挖掘技术挖掘出的具有层次性、复杂性特点的事故属性之间的关联规则相比于实际情况存在一定的偏差，即一些不符合理论和煤矿实际的关联规则，同时受限于专家认知上的客观局限性，未能对不合理的节点关系或关联性较弱的节点关系进行有效删除。因此还需要在初始的网络结构基础上通过贝叶斯网络结构学习对其进行进一步的优化调整。

　　（2）贝叶斯网络结构优化

　　本书采用贝叶斯网络结构学习方法对基于风险因素的关联规则和专家经验得出的初始贝叶斯网络结构进行优化调整。常用的结构学习算法包括基于评分搜索的算法和基于约束的算法。基于约束的算法在面对潜在复杂的贝叶斯网络结构时，其复杂程度是无法忍受的，因此该方法更加适用于潜在稀疏的贝叶斯网络结构应用。而基于评分搜索的算法本质上是通过合适的搜索策略搜索所有可能的结构，然后通过评分函数去衡量各个结构的优劣，进而找出最好的结构，该类算法具有低模型搜索计算复杂度的特点，学习效率和准确性较高[200]，因此本书选择搜索评分算法（Greedy Thick Thinning，GTT）作为贝叶斯网络结构学习算法，具体通过评分函数衡量初始结构与煤矿安全事故案例数据集的拟合程度，最后不断调整以找到最优的网络结构。评价网络结构优劣的最常用的评分函数包括 K2 评分、BIC 评分、BD 评分、AIC 评分函数等,本书采用 Cooper 和 Herskovits 提出的 K2 评分函数对煤矿安全事故贝叶斯网络结构进行评价[201],K2 评分的核心思想是在给定的数据集 D 下,选择具有最大后验概率的贝叶斯网络拓扑结构 G,具体评分函数如下式所示:

$$P(G,D) = \log P(G) + \sum_{i=1}^{n} \sum_{j=1}^{q_i} \left(\log \left(\frac{(r_i - 1)!}{N_{ij} + r_i - 1} \right) + \sum_{k=1}^{r_j} \log(N_{ij}k_{ijk}!) \right)$$

(4-14)

其中:$P(G)$ 为网络结构 G 的先验概率;r_i 是节点变量 X_i 的取值数;q_i 是节点 X_i 的父节点的取值组合;N_{ij} 是数据集中节点 X_i 的父节点处于第 k 种取值组合的数量,且 $N_{ij} = \sum_{k=1}^{r_i} N_{ijk}$。

与其他的搜索评分算法相比,K2 算法可以减少模型过度拟合问题,同时也可以降低模型搜索计算的复杂程度。

具体使用 GENIE 2.0 软件通过以下两个步骤对初始网络结构进行调整完善:

第一步,增加网络节点间的依赖关系。将上文构建的初始贝叶斯网络拓扑结构作为结构学习的初始解,通过 K2 结构学习算法,增加网络节点间的依赖关系,也就是节点间的有向边,计算结构评分,如果评分增加,则继续发现新的有向边,直到整个结构评分不再显著变化为止。

第二步,删除网络节点间的依赖关系。在通过上一步骤得到的网络结构的基础上,循环搜索和删除对网络结构无正效应的有向边,即删除对应的节点间的依赖关系,直到结构评分不再增加为止。

结合以上两个步骤对事故数据进行学习,得到了优化后的煤矿安全事故贝叶斯网络拓扑结构,如图 4-7 所示。

图 4-7 直观地显示了煤矿事故风险因素间、风险因素与事故间的因果关系,对比事故树和线性因果模型,贝叶斯网络拓扑结构模型更符合复杂煤矿安全生产系统的耦合性、非线性作用性,更贴近实际。

(3)确定网络参数

使用 GENIE 2.0 软件,以构建好的煤矿安全事故贝叶斯网络拓扑结构为基础,进一步完成贝叶斯网络参数学习,明确风险因素间、风险因素与事故间准确的量化依赖关系。训练数据同样来源于文本挖掘处理结果,利用

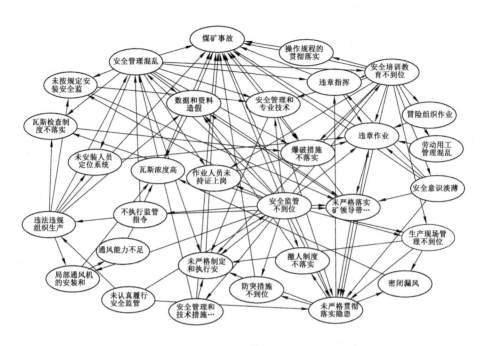

图 4-7 优化后的煤矿事故贝叶斯网络结构

python 将其处理为由"F""T"来描述事故风险因素在案例中未出现、出现两种情况的矩阵以进行学习,学习方法选择应用最广泛的极大似然估计法。由于重大事故、特重大事故两类案例较少,不足以进行有效的训练,因此本研究将事故划分为一般事故、较大及以上事故两类以进行分析,其中较大及以上事故包括特重大、重大和较大事故三类。需要说明的是,由于所有煤矿案例数据均为事故发生的情况,因此根节点"煤矿事故"仅被分为一般事故和较大及以上事故两类,而不存在事故未发生的状态。

本书贝叶斯网络的参数确定通过 GENIE 2.0 软件中的极大似然估计算法实现,最终得到了各个节点的条件概率表。其中节点的条件概率受其父节点的概率所影响,一个节点的父节点越多,则其条件概率表越复杂。以节点"未按规定安装安全监测监控设备"为例,其条件概率如表 4-9 所示,其中"T"表示该节点事件发生,"F"表示该节点的事件不发生。

表 4-9 "未按规定安装安全监测监控设备"节点条件概率表

父节点	发生情况							
安全管理混乱	F	T	T	F	T	T	T	F
违法违规组织生产	F	T	F	T	T	F	T	F
安全监管不到位	F	T	F	T	F	T	F	T
F 的概率	0.855	0.772	0.65	0.63	0.671	0.639	0.491	0.519
T 的概率	0.145	0.228	0.35	0.37	0.329	0.361	0.509	0.481

由表中可以看到,节点"未按规定安装安全监测监控设备"的父节点有三个,分别为"安全管理混乱""违法违规组织生产""安全监管不到位",以父节点均为 F 时为例,节点"未按规定安装安全监测监控设备"为 F 的概率为 0.855,为 T 的概率为 0.145。对父节点取值不同的情况进行观察,整体来看,除一个特殊情况外,三个父节点的发生都会促使子节点发生概率的提高。但即使父节点发生情况满足了子节点达到发生最大概率时,子节点发生的概率也仅为 0.509,这说明通常情况下,三种父节点因素的出现都会促使"未按规定安装安全监测监控设备"这一事件的发生,但这种影响并不具备决定性的因素。显然,这一结果与人们对于煤矿实际系统的认知相符合,基于参数学习的条件概率计算是可行的。在贝叶斯网络结构中,一个节点变量的条件概率发生改变,其相关节点的概率也会在模型运行后根据推理算法发生相应的变化。由此完成煤矿事故贝叶斯网络的构建,以支撑后续分析。

4.4 煤矿安全主要风险因素及其关联因素分析

煤矿安全事故贝叶斯网络建设的目的是,在对网络结构分析的基础上通过对事故风险因素重要性的定量化分析,明确不同等级煤矿事故的关键风险因素,并提出有针对性的事故防治策略。前文基于事故、事故风险致因间的强关联规则进行了贝叶斯网络结构的构建,并使用结构化的煤矿事故风险致因布尔数据集完成了网络的参数学习,在此基础上,本节对煤矿事故风险因素进行统计频率分析、敏感性分析以及关键路径分析,综合三种分析结果得到影响煤矿事故发生的最主要的风险因素,并围绕事故主要风险因素分析其关联风险因素集。由此,通过对煤矿事故的主要因素及其关联原因集进行分析,判断各主要因素对于不同等级事故的影响程度,并对不同等级事故发生的关键节点加以识别。

4.4.1 高频风险因素分析

基于统计频率的事故风险致因分析通常是案例分析的第一步,其目的是通过对煤矿事故报告中各项事故风险致因最直观的发生频率进行统计,从而找到可能的对于煤矿事故具有显著影响的风险因素。当一项事故风险致因在事故报告中频繁出现时,即便不能认定其必将导致事故的发生,往往也与事故之间也存在较大的关联。事故风险致因 t_i 的统计频率计算如下:

$$F(t_i) = \frac{|D_{t_i}|}{|D|} \tag{4-15}$$

式中:$|D|$ 为事故报告总数;$|D_{t_i}|$ 为包含事故风险致因 t_i 的案例数。对贝叶斯网络中各节点在所有事故案例报告中的出现频率进行统计,并依据其高低进行排序,结果如图 4-8 所示。可以看到,在统计频率方面,处于前 10 位的事故风险致因与其他致因之间存在频率断层,这 10 项分别为:安全培训教育不到位 E4、未严格贯彻落实隐患排查制度 M3、安全监管不到位 S2、日常监督检查松懈 E5、安全管理混乱 E1、违法违规组织生产 E2、冒险组织作业 P6、安全管理和专业技术人员配备不足 E3、未严格落实矿领导带班下井制度 M2 以及安全风险辨识能力差 P4。这些高频致因分布于除环境设备以外的四个层面的因素当中,这表明环境与设备的不安全状态往往不是煤矿安全事故常见的诱因,更多的是出于人员与管理层面的因素。这些高频因素所对应的频率越高,表明其对与煤矿的安全生产越重要,抑或是越难以彻底消除和控制,因此往往对事故的发生带来显著的影响。

4.4.2 敏感风险因素分析

统计频率分析仅仅从事故风险致因出现频率的角度进行考虑,而忽视了致因在事故发生过程中真正的作用程度,为此,需要进一步对贝叶斯网络中节点展开敏感性分析。敏感性分析是一种研究系统中不确定性因素变化对于关键变量影响程度的常用方法,这种影响程度通过节点的敏感系数来度量,敏感系数越大,父节点的微小变化将对子节点产生越大的影响,其计算公式如下:

$$I_{REV}(F_i) = \frac{\max\{P(S = s_t \mid F_i = f_{ij})\} - P(S = s_t)}{P(S = s_t)} \tag{4-16}$$

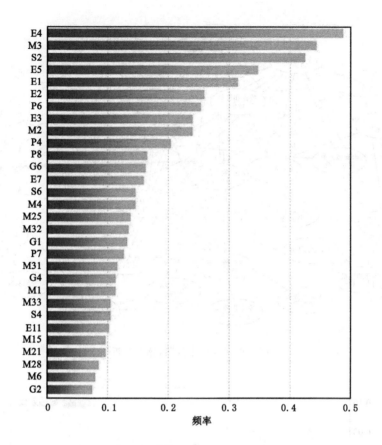

图 4-8　事故风险致因统计频率

$$I_{\mathrm{RRV}}(F_i) = \frac{P(S = s_t) - \min\{P(S = s_t \mid F_i = f_{ij})\}}{P(S = s_t)} \tag{4-17}$$

$$I_{\mathrm{AVG}}(F_i) = \frac{1}{2}(I_{\mathrm{REV}}(F_i) + I_{\mathrm{RRV}}(F_i)) \tag{4-18}$$

式中：S 为子节点，s_t 为其状态；F_i 为子节点 S 的 i 个父节点，f_{ij} 为每个父节点的状态；$I_{\mathrm{REV}}(F_i)$ 表示父节点 F_i 的风险扩大性能，$I_{\mathrm{RRV}}(F_i)$ 表示其风险缩减性能，两个取均值 $I_{\mathrm{AVG}}(F_i)$ 即为该父节点与子节点之间的敏感系数。

　　本节使用 GENIE 2.0 对贝叶斯网络节点的敏感性进行分析，从而找出影响煤矿事故的敏感因素，以明确煤矿安全事故管控的重点方向。

　　以节点"煤矿事故"为目标节点进行敏感性分析，其结果如图 4-9 和 4-10 所示。图 4-9 和图 4-10 分别展示了各个敏感节点及其具体的敏感系数取

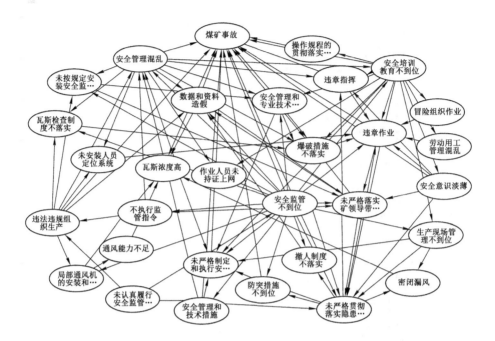

图 4-9 "煤矿事故"敏感性分析

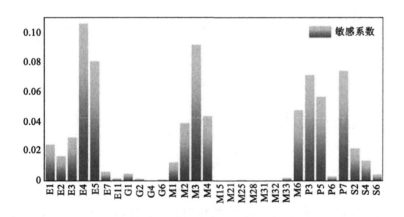

图 4-10 节点敏感系数

值。依据以上结果,得到煤矿事故敏感性较高的因素,包括:安全管理混乱
E1、违法违规组织生产 E2、安全管理和专业技术人员配备不足 E3、安全培训
教育不到位 E4、未严格制定和执行安全技术措施 E5、数据和资料造假 M4、

操作规程的贯彻落实不到位 M6、违章作业 P3、安全意识淡薄 P5、违章指挥 P7、未严格落实矿领导带班下井制度 M2、未严格贯彻落实隐患排查制度 M3、安全监管不到位 S2。上述结果再次证明,煤矿事故的发生是一个机理复杂的过程,多达 13 个敏感因素共同在较大程度上促使事故的发生。

其中,煤矿企业、现场管理以及作业人员层面的因素在敏感性方面显著高于环境和设备层面的因素。与统计频率分析的结果相似,在现代煤矿作业条件下,环境的勘探以及随时的变化是可以被较为准确地监测的,而设备的可靠性同样值得信赖,因此,环境及设备层面的因素已非事故发生的最主要原因。进一步,上述的敏感要素中,具有最高敏感系数的节点为安全培训教育不到位 E4、未严格制定和执行安全技术措施 E5、未严格贯彻落实隐患排查制度 M3、违章作业 P3、安全意识淡薄 P5、违章指挥 P7,比起对煤矿安全状态产生间接作用的监管层面的因素,来自煤矿自身的因素,包括企业制度建设与落实、现场安全技术管理以及井下作业问题才是事故发生的首要原因。而这些因素中,除了反映一线矿工问题的 P3、P5、P7 节点以外,E4、E5 在本质上也影响着矿工能否正确规避不安全行为,由此可见,越贴近于实际的生产阶段,事故致因要素对于煤矿井下安全的影响便越直接与强烈。

4.4.3 关键风险因素分析

根据事故致因理论,导致事故发生的一系列致因之间同样存在因果关系,由事故致因要素依因果关系所构成的链状结构即为致因链,其为追踪事故发生路径的重要依据。本节使用联合树算法对不同等级煤矿事故发生的关键路径进行推理。联合树推理算法的核心是,通过将贝叶斯网络模型简化为无向的联合树,从而将复杂的联合概率分布转化为通过局部概率分布来表示的因式形式,从而降低分析难度,减少计算量[202]。联合树算法依赖于节点之间的消息传播来实现推理,其具体过程如下:

（1）联合树构建

通过贝叶斯网络生成三角化的有向图,并通过有向图中的团相连接来构建联合树结构。在这一过程中,为了确保信息得以保留,需要完成由贝叶斯网络节点的条件概率向联合树的转化[203],转化的节点 C 所对应的参数称为节点的能量函数 $\varnothing_c$,其满足:

$$P(U) = \frac{\prod_i \emptyset_{c_i}}{\prod_i \emptyset_{s_j}} \qquad (4\text{-}19)$$

式中：$P(U)$ 为贝叶斯网络联合概率分布；$\emptyset_{c_i}$ 表示团节点能量；$\emptyset_{s_j}$ 表示联合树中分割节点能量。由于联合树是由贝叶斯网络转换而来，其联合概率分布也与原贝叶斯网络相同。

（2）消息传播

对于联合树中的团节点 C 及其相邻的一个分割节点 S，当满足：

$$\emptyset_s = \sum_{C/S} \emptyset_c \qquad (4\text{-}20)$$

时，称两者具有本地一致性。当联合树中所有相邻节点均具备本地一致性，则此联合树具备全局一致性。联合树推理的目标是，在树状结构构建之后或新增证据之后，通过节点之间的能量扩散来实现联合树的全局一致性。这一过程通过选择任意节点作为联合树根节点，经由证据收集及扩散两个阶段，在 $2^{(n-1)}$ 次消息扩散后，实现联合树的全局一致。

（3）计算推理结果

对于一个满足全局一致性的联合树，其节点能量函数即为该节点所包含的全部变量所构成的联合概率分布，在此基础上，通过下式以实现对任意随机变量 X 的概率分布的计算。

$$P(X) = \sum_{C/(X)} \emptyset_c \qquad (4\text{-}21)$$

基于联合树推理算法，对煤矿事故发生的关键路径进行推理。首先，对一般事故进行分析，将煤矿事故节点状态设置为 A，并更新贝叶斯网络状态，观察该节点父节点的后验概率。当事故节点状态为一般事故时，其最大后验概率父节点为 E4，此时，其发生概率为 0.689。进一步，将节点 E4 作为新的证据节点，设置其状态为 T，以继续向前展开逆向推理，由此得到其最大后验概率父节点 M3，此时，其发生概率为 0.707。依据这一方式，持续进行逆向推理，直至向前再无节点位置，得到一般事故的关键路径，如图 4-11 所示。

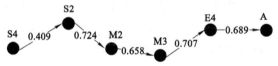

图 4-11　一般事故致因关键路径

　　在这条路径中,来自监管部门、煤矿企业以及现场管理三个层面的因素是诱发一般等级事故发生的关键风险因素。监管部门对于监管职责的疏忽将导致井下安全制度落实不到位的情况,而当井下安全管理松懈时,又势必导致企业整体安全意识缺失,最终诱发事故的发生。

　　同样地,对较大及以上等级事故的关键路径进行推理,令煤矿事故节点状态为 G,则其最大后验概率父节点为 E5,其发生概率为 0.669。继续将节点 E5 的状态设置为 T 并更新贝叶斯网络状态,得到其上一个关键节点为 E4,发生概率为 0.716,以此类推,得到这一等级事故的关键致因路径,如图 4-12 所示。

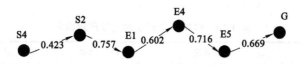

图 4-12　较大及以上事故致因关键路径

　　可以看到,针对较大及以上等级的事故,来自监管部门与煤矿企业层面的原因对于事故的影响更为关键,安全管理的混乱、安全教育和安全规范的缺失是其重要诱因。综合两种不同等级事故关键路径的结果可以看到,虽然事故等级的差异导致了关键路径发生了些许变化,但因监管机构不认真履行安全监管职责导致监管不到位以及煤矿企业没有做好安全培训教育两方面的问题都在事故的发生中发挥了关键的作用。究其原因,虽然一线工人不同的不安全行为都具备导致事故发生的可能,但来自于监管部门与煤矿企业层面足够的重视与压力能够对这些不安全行为的发生产生抑制作用,一旦这些层面的压力消失,来自于基层的纰漏将会扩散。同时,企业安全管理混乱会导致企业安全生产线上诸多衍生问题的出现,例如不严格落实矿领导带班下井制度、不严格贯彻落实隐患排查制度等,这也是导致事故不断升级的关键风险因素。综合以上分析,引发煤矿事故的关键风险因素包括安全管理混乱 E1、安全培训教育不到位 E4、未严格制定和执行安全技术措施 E5、未严格落实矿领导带班下井制度 M2、未严格贯彻落实隐患排查制度 M3、安全监管不到位 S2、未认真履行安全监管职责 S4。

4.4.4　主要风险因素及其关联因素分析

　　综合统计频率分析、敏感性分析及关键路径分析的结果,对煤矿事故高频因素、敏感因素以及关键因素取交集,得到最终的导致煤矿事故发生的最主要的风险因素,如表 4-10 所示。在煤矿企业层面,安全管理混乱,包括安全培训教育和安全技术措施的缺失,都将导致工人在安全防护意识、安全操作和应急能力方面存在缺陷,从而无法有效防范和应对事故的发生。而通过较大及以上事故的关键因素可以看到,煤矿企业在这些方面的不足往往会导致事故严重程度的不同。另一方面,现场管理也是影响煤矿事故的重要原因,当管理人员不能真正落实带班责任时,技术指导与合规监督方面的缺失将使工人违规操作的概率极大提高,进而引发事故。最后,来自安监部门的有效监管也是防范煤矿事故的一项自上而下的重要手段。

表 4-10　煤矿安全事故的主要风险因素

敏感因素	关键因素	高频因素	最主要因素
E1	E1	E1	E1
E2	E2	E4	E4
E3	E3	E5	E5
E4	E4	M2	M2
E5	E5	M3	M3
G6	M2	S2	S2
M2	M3	S4	
M3	P4		
M4	P6		
M25	S2		
P3			
P5			
P6			
P7			
S2			
S6			

上述煤矿事故主要风险因素在事故的发生过程中具有至关重要的作用,但这类因素多具有发生频率高、控制难度大的特点,在实际的生产环境中实现对这些因素的彻底控制难以实现。当无法对事故主要原因进行有效

控制时,风险不可避免地会向其周围节点扩散,产生新的隐患。

　　以事故主要风险因素安全管理混乱 E1 为例,对其进行敏感性分析,结果如图 4-13 所示。

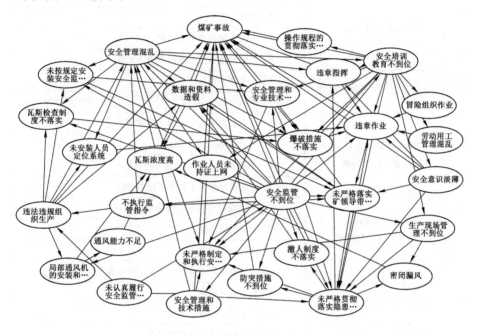

图 4-13 "安全管理混乱"节点敏感性分析

　　除同样为主要风险因素的节点安全监管不到位 S2 以外,当以安全管理混乱 E1 为目标节点时,违法违规组织生产 E2、不执行监管指令 E7、未认真履行安全监管职责 S4、安全管理和技术措施审批不到位 S6 具有较高的敏感性。这表明当煤矿企业安全管理混乱问题无法得到有效解决时,违法违规组织生产、不执行监管指令、安全管理和技术措施审批不到位等隐患的伴随发生将有较大可能。以同样的方法对其余的事故主要风险因素安全培训教育不到位、未严格制定和执行安全技术措施、未严格落实矿领导带班下井制度、未严格贯彻落实隐患排查制度、安全监管不到位的相关原因进行分析,结果如表 4-11 所示。作为防范事故主要风险因素的补充,对其密切相关的风险因素进行联合防御,是当主要风险因素无法完美控制时,阻止风险在事故网络中持续蔓延、防止事故发生的有效手段。

表 4-11　主要风险因素的关联因素

主要风险因素	关联因素
E1 安全管理混乱	E2 违法违规组织生产
	E7 不执行监管指令
	S4 未认真履行安全监管职责
	S6 安全管理和技术措施审批不到位
E4 安全培训教育不到位	E1 安全管理混乱
	E7 不执行监管指令
E5 未严格制定和执行安全技术措施	E3 安全管理和专业技术人员配备不足
	M1 生产现场管理不到位
	M3 未严格贯彻落实隐患排查制度
	S6 安全管理和技术措施审批不到位
M2 未严格落实矿领导带班下井制度	G1 未按规定安装安全监测监控设备
	P5 安全意识淡薄
	E4 安全培训教育不到位
M3 未严格贯彻落实隐患排查制度	E3 安全管理和专业技术人员配备不足
	P5 安全意识淡薄
	M1 生产现场管理不到位
S2 安全监管不到位	S4 未认真履行安全监管职责

4.5　本章小结

　　本章以前文煤矿事故案例挖掘为基础,将关联规则挖掘与贝叶斯网络相结合,对煤矿事故风险致因间的作用机理及其重要性进行进一步分析。这一过程中,藉由基于 Apriori 算法的关联规则挖掘方法,对煤矿事故风险致因间的有效强关联规则进行挖掘,并依托于德尔菲法、贝叶斯网络参数学习等过程,完成了煤矿事故贝叶斯网络的构建。在此基础上,通过统计频率分析、敏感性分析、关键路径分析等手段,明确了导致煤矿事故发生的主要风险因素及其关联风险因素,从而为有针对性地进行煤矿风险因素联合防御管控、提高风险防控效率提供了依据。主要研究内容及成果如下:

　　(1)以煤矿事故风险致因布尔数据集为基础,通过 Apriori 算法得到

331 条煤矿安全风险因素强关联规则，并对高支持度关联规则和高置信度关联规则进行可视化分析，通过关联规则挖掘结果分析煤矿安全事故中容易发生的高频风险因素以及各风险因素之间的显著关联关系。

（2）以煤矿安全风险因素显著关联规则为基础，发挥贝叶斯网络特点，结合专家先验知识和结构学习完成了包括 30 个事故风险因素节点的贝叶斯网络结构的构建和调优，并通过参数学习确定了网络联合概率分布，为煤矿事故关键致因的提取及作用机理分析提供支撑。

（3）基于对煤矿事故风险致因的统计频率分析、贝叶斯网络敏感性及关键路径分析，明确影响事故发生的最主要风险因素，结果表明，来自于监管部门、煤矿企业以及现场管理层面的因素与事故的发生具有最显著的关联。同时，对事故主要风险因素的相关联风险因素进行联合防御，是阻止风险在事故网络中持续蔓延、防止事故发生的有效手段。

5

基于数据驱动的煤矿安全风险评价

　　基于文本挖掘技术的事故案例文本挖掘处理为煤矿事故大数据深入分析提供了支持,基于该过程所构建的煤矿事故致因数据集除在事故致因机理分析层面有应用以外,也为进一步评价煤矿事故危险性提供了完善的结构化学习数据,从而打通案例文本收集与事故威胁程度预测之间的技术路径。

　　本章以前文所构建的煤矿事故风险致因属性集为基础,应用事故风险致因布尔数据集,通过人工化学反应优化算法与极限学习机相结合,建立了基于 ACROA-ELM 的煤矿安全风险动态评价模型,对煤矿潜在威胁状态进行预测。同时,考虑到该方法在煤矿潜在威胁动态实时评价中的可行性,为从评价效率、评价准确性两方面对评价过程进行进一步的优化,应用 t-SNE 技术对模型原始输入进行降维处理,并通过与 PCA(主成分分析)降维进行对比分析,确定最优降维参数。

5.1　数据驱动的煤矿安全风险评价分析

　　在目前大数据技术飞速发展的背景下,煤矿井下监测数据收集及存储技术日益成熟,以大数据为驱动的煤矿事故致因分析和预测已具备可行性。相比于目前煤矿企业主流的基于阈值监测的风险感知方法,以及基于线性方法和确定性特征的传统煤矿风险评价方法,以煤矿大数据为驱动、以人工智能技术为手段的新型煤矿安全风险性评价方法更具优势,为煤矿安全风险性的有效、快速评价带来了思路。

5.1.1　常规煤矿安全风险分析方法不足

基于重要指标阈值监测的煤矿风险预警方法是目前国内多数煤矿采用的主流风险实时防控策略,该方法依据事前研究对煤矿井下多项检测指标的危险阈值进行界定,诸如瓦斯浓度、风速风压、地应力等项目,当其监测值超过告警阈值时,井下安全系统会进行相应项目的预警。作为一种思路清晰的风险预警方法,煤矿风险预警方法简单易用,实施成本较低,应用范围较广,但不可避免地存在种种无法适应当前煤矿安全生产需求的不足之处。

首先,关键指标告警阈值的确定较为困难。当告警阈值设置相对较低时,将导致该项目的频繁告警,久而久之将使问题相关负责人对此类告警习以为常,产生松懈;而当告警阈值的设定相对较高时,将无法避免地导致告警时间延迟,从而使得风险响应时限减少,风险影响难度加大。正因如此,通过科学的方法对关键的风险指标的告警阈值进行确定对于基于阈值告警的风险预警手段的有效性具有巨大的影响,而这往往也是极为困难的一步。

其次,在超过既定阈值即告警的条件下,关键指标的超限往往表明煤矿环境已经进入危险状态。煤矿井下是一个变化中的环境,安全指标时刻发生变化,在这种情况下,即便具备对安全指标突变的监测条件,也往往难以采取有效的措施加以控制。因此,当井下环境已经进入危险状态时,应急响应时间窗口缩小,风险处置难度加大,在关键指标超限告警后进行风险应急响应往往已错过消灭风险于未然状态的最佳处置时机。

最后,基于阈值超限告警的风险预警手段只对少数关键指标进行监测告警,而几乎不对不同事故致因要素之间的协同作用加以考虑。对于风险要素的控制采用头痛医头、脚痛医脚的方式,仅在一个问题出现时采取相应的措施进行处置,而无法从系统的角度出发对所有导致风险产生的因素进行联动排查,因此无法从事故致因机理的视角在根源上消除风险,使得风险的防控效率难以提升。

另一方面,由于煤矿安全风险因素具有非线性、特征不确定性的特点,基于线性方法和确定性特征的传统煤矿风险评价方法无法避免地与之存在矛盾,故同样存在一定的不足。首先,受限于传统评价方法的线性特性,在利用这类方法开展煤矿风险评价之前,需将非线性的煤矿安全风险问题向线性问题进行转化,在这一过程中,势必会导致部分潜在信息和联系的丢失,从而使评价的结果与真实情况产生偏离。

其次,受限于传统煤矿风险评价过程中评价人员的认知能力、信息接收能力和计算处理能力,在风险评价的过程中仅能针对所获得的部分煤矿安全相关信息进行分析,而无法从煤矿整体诸多直接或间接原因的层面进行系统而全面的研究,这使得这些方法难以对煤矿安全风险评价中的动态性或系统性问题进行有效的分析和探究。

最后,由于煤矿安全风险动力学特性极为复杂,基于线性分析手段的风险评价方法难以对这些特性进行全面的认识和科学的探究,由此,忽略了诸多隐含动力学特性的数值计算过程,导致无法对煤矿风险的实际情况进行完全的模拟,从而使得风险评价的结果与真实生产情况存在较大差异。基于以上种种原因,无论是基于阈值监测的风险预警方法,抑或是基于线性方法的传统煤矿安全风险评价手段,都无法完美地真正解决对于煤矿安全风险性全面、系统且高效的动态评价的需求,区别于二者的更有效的风险评价手段具有极佳的应用前景。

5.1.2　数据驱动的煤矿安全风险评价可行性

从第 3 章煤矿事故案例挖掘结果及第 4 章煤矿事故关键风险致因分析结果可以看到,煤矿事故致因层次多、范围广、致因机理复杂,导致煤矿安全风险存在复杂、模糊且随机的特性,常规线性方法无法进行有效分析和预测。数据驱动的机器学习手段所拥有的强计算力、自适应学习特点对于这类问题具有更好的适应性,进而获得相比于阈值监测和传统风险评价方法更加准确且可靠的风险动态评价结果。

相比于传统的线性风险评价方法,机器学习最显著的特点为人力难以达到的强大运算能力,在面对海量复杂数据时,依托其计算能力,可以通过逻辑推理及非线性映射的方式,以自纠错、自学习的方式得到实际风险场景的最佳拟合,并可随着样本的变化动态优化策略,这使得机器学习在学习能力以及容错性上具有无与伦比的优势。

对于机器学习方法而言,数据驱动是其根本,因此,训练数据的获取及输入维度的确定是判断机器学习在某一领域应用可行与否的关键。受限于煤矿领域事故风险致因相关大数据获取的能力,基于煤矿事故案例数据所展开的主要致因分析、风险评价预测仅局限于学术层面的理论研究,无法有效地在有限的条件下抽取训练建模所需的数据,则机器学习手段的落地便无从谈起。基于文中第 3 章本书挖掘的研究结果,本书所提出的煤矿事故风险致因布尔数据集构建方法在极大程度上为机器学习训练数据的高效准确获取提供了可能，进而为机器学习在煤矿安全风险评价中的应用做好了铺垫。

5.1.3 数据驱动的煤矿安全风险评价方法

（1）极限学习机

神经网络（Neural Network，NE）学习算法是实现机器学习的一种经典方法。极限学习机（Extreme Learning Machine，ELM）则是一种典型的神经网络学习算法，它基于单隐层前馈神经网络结构，以获得最佳的输出权重为目的来构建理想的神经网络模型。不同于传统的前馈网络算法，极限学习机通过随机化初始的输入权重和偏置来求得最终的输出权重，较大程度上克服了易陷入局部极值的问题，具有更快的学习速度和更强的泛化能力。

本质上，极限学习机是在神经网络结构基础上，对算法进行优化的向前传播的神经网络，也即前馈神经网络，如图 5-1 所示。

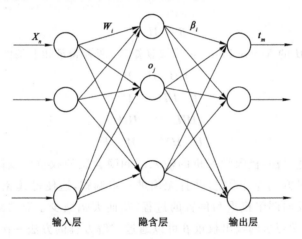

图 5-1　前馈神经网络

对于包含 N 组元素的任意样本集(X_i, t_i)，其中 $X_i = [X_{i1}, X_{i2}, \cdots, X_{in}]^{\mathrm{T}} \in R^n$，$t_i = [t_{i1}, t_{i2}, \cdots, t_{im}]^{\mathrm{T}} \in R^m$，分别为样本的输入和输出。构建一个具有 L 个隐层节点的单隐层神经网络，其表达式为：

$$\sum_{i=1}^{L} \beta_i g(W_i \cdot X_j + b_i) = o_j, \quad j = 1, 2, \cdots, N \qquad (5-1)$$

式中：$g(x)$ 为激励函数，其作用为将输入层数据进行映射，从其原本空间映射至 ELM 的特征空间；W_i 为输入权重；β_i 为输出权重；b_i 为隐层单元的偏置；o_j 为网络输出。为使得神经网络的输出相比于原始样本输出具有最小的误差，需要存在 β_i, W_i, b_i 满足以下条件：

$$\sum_{i=1}^{L} \beta_i g\left(W_i \cdot X_j + b_i\right) = t_j, \quad j = 1, 2, \cdots, N \tag{5-2}$$

该式可以通过矩阵形式简化表示：$\boldsymbol{H\beta = T}$，其中 $\boldsymbol{H}$、$\boldsymbol{\beta}$、$\boldsymbol{T}$ 依次为隐层节点输出、输出权重和期望输出。ELM 学习过程即目的是求得 $\|\boldsymbol{H\beta - T}\|$ 的最小值，即求得式(5-3)的最小值，当误差最小时，最优输出权重便得以确定。

$$E = \sum_{j=1}^{N} \left(\sum_{i=1}^{L} \beta_i g\left(W_i \cdot X_i + b_i\right) - t_j\right)^2 \tag{5-3}$$

ElM 的一个重要特点是，在训练前通过随机方式来确定最初的输入权重 W_i 和隐层单元偏置 b_i，并不断寻找两者的最优组合，一旦两者被确定，则隐层节点的输出权重也被唯一确定，进而可以得到输出权重 β，其计算公式为：

$$\boldsymbol{\beta = H^+ T} \tag{5-4}$$

式中，$\boldsymbol{H^+}$ 为 $\boldsymbol{H}$ 的 Morre-Penrose 广义逆矩阵，两者满足如下条件：

$$\boldsymbol{HH^+ H = H}$$

$$\boldsymbol{H^+ HH^+ = H^+}$$

$$\boldsymbol{(HH^+)^T = HH^+}$$

$$\boldsymbol{(H^+ H)^T = H^+ H} \tag{5-5}$$

基于上述算法，极限学习机的输入层和隐含层的权重以及隐含层偏置可以通过随机方式进行设定，并且无须进一步调整，这使得其免去了 BP 神经网络重复反向调整权重和偏置的过程，从而大幅减少了算法运算量。同时，由于极限学习机的输出权重 $\boldsymbol{\beta}$ 可以通过求解方程的方法一次性确定，从而避免了反复迭代修正的过程，因此使得其相比于传统的神经网络，在保证了学习精度的前提下可以获得更快的学习速度。

（2）人工化学反应优化算法

与其他机器学习算法相似，参数择优对 ELM 的性能同样具有决定性的影响。由于 ELM 需要在训练开始时随机化输入权重和隐层偏置，使得 ELM 训练过程具有一定的随机性。同时 ELM 常用的激励算法包括 RBF、Sine、Sigmond、Tanh 等多种函数，其选择同样会对模型性能产生巨大的影响。为进一步优化 ELM 的泛化能力,引入优化算法来确定最佳输入权重、偏置及激励算法具有重要的意义。

人工化学反应优化算法(Artificial Chemical Reaction Optimization Algorithm,ACROA)是一种新型元启发式优化算法,其核心思想为模拟化学反应过程中,系统倾向于发展为最高熵和最低焓状态的特点。ACROA 具有搜索能力强、高效且多样化的特点。该方法将熵或焓作为求解问题的目标函数,引入化学反应中的有效对象、状态、过程和事件等概念,来完成求解的过程。具体步骤如下:

第一步,确定待优化问题。以 ELM 的优化为例,其优化目标为得到最佳的初始输入权重、偏置以及激励函数组合,使模型输出误差最小,因此可将其概括为最小化问题:

$$\min f(x), \quad \text{s.t. } x_i \in [x_{i1}, x_{iu}] \tag{5-6}$$

其中,$f(x)$ 为目标函数;变量 $x = (x_1, x_2, x_3, \cdots, x_n)$;$x_{i1}$、$x_{iu}$ 分别为 x_i 的上限和下限。

第二步,设定初始反应物,并计算其焓值。设定两种初始反应物 $R_0 = (u_1, u_2, \cdots, u_n)$、$R_1 = (l_1, l_2, \cdots, l_n)$,此时分割因子 $k=1$。当初始反应物种类数小于种群容量时,执行反应物分割,令分割因子 $k+1$,得到 $k=2$ 时的额外反应物:

$$R_2 = (r * u_1, r * u_2, \cdots, r * u_{\frac{n}{2}}, r * l_{\frac{n}{2}+1}, r * l_{\frac{n}{2}+2}, \cdots, r * l_n) \tag{5-7}$$

$$R_3 = (r * l_1, r * l_2, \cdots, r * l_n, r * u_{\frac{n}{2}}, r * u_{\frac{n}{2}+1}, r * u_{\frac{n}{2}+2}, \cdots, r * u_n) \tag{5-8}$$

其中,r 为 0 至 1 之间的随机数。同样地,继续令 $k+1$,直到反应物总数不小于种群数。

第三步,进行化学反应。将反应物以二进制进行编码,并执行合成、置换、氧化还原等反应。以双分子反应为例,反应物 $R_0 = (r_1^{(1)}, r_2^{(1)}, \cdots, r_n^{(1)})$、$R_1 = (r_1^{(2)}, r_2^{(2)}, \cdots, r_n^{(2)})$,两者经由合成反应得到的新反应物为:

$$R = (r_1, r_2, \cdots, r_i)$$

$$r_i = r_i^{(1)} + \lambda_i (r_i^{(2)} - r_i^{(1)}), \quad i \in [1, n], \lambda_i \in [-0.25, 1.25] \tag{5-9}$$

两者执行置换反应所得到的新反应物为:

$$R_k = (r_1^{(k)}, r_2^{(k)}, \cdots, r_i^{(k)}) \tag{5-10}$$

$$r_i^{(1)} = \lambda_i r_i^{(1)} + (1 - \lambda_i r_i^{(2)})$$

$$r_i^{(2)} = \lambda r_i^{(2)} + (1 - \lambda r_i^{(1)})$$

$$\lambda_{t+1} = 2.3\,(\lambda_t)^{2\sin(\pi\lambda_t)}, \quad i \in [1,n], k = 1,2, \lambda_t \in [0,1] \quad (5\text{-}11)$$

第四步,更新反应物。ACROA 中,通过模拟化学平衡测试来对反应物进行更新,在这个过程中,使各个反应物的质量分数不再变化的状态称为平衡状态。当处于平衡状态时,选择可以使系统焓减小(或熵增大)的生成物作为新的反应物,并去除不良的反应物,从而实现反应物的更新。

第五步,反应终止判断。通过判断焓值是否达到最小(或熵值达到最大),或者达到最大迭代次数,来确定是否终止反应过程,若终止,则得到待优化问题解,否则循环执行第三、四步。

(3) t-SNE 和主成分分析

煤矿事故致因机理复杂,致因要素众多,藉由煤矿事故案例所构建的煤矿事故致因数据集是典型的高维数据。在典型的利用样本特征进行结果预测的机器学习应用中,输入样本的维度对于预测的效率以及预测的准确性都存在巨大的影响。过高维度的输入数据不可避免地会存在多重共线性干扰、训练模型过拟合等问题,使得模型无法获得最佳的预测效果;同时,对于瞬息万变的煤矿井下环境而言,对风险进行动态实时的评价是防范事故的重要手段,所以对模型的训练速度提出了较高的要求,而这无疑是和高维度输入导致的训练速度降低是相悖的。因此,在机器学习过程中,减少输入特征项的数量对于提高模型泛化能力和训练速度具有重要的意义。

约简和降维是减少特征项的常见方法,约简是通过去除非关键特征项的方式来实现特征项精简;而降维则是通过将高维空间数据映射至低维空间的方式来减少特征项,相比于特征项约简更有利于保存数据中原有的信息。因此,本书引入 t-SNE 方法,在通过机器学习手段来完成的煤矿安全风险性评价过程中,对输入数据进行降维处理,以提高评价模型性能。同时,为了对比验证 t-SNE 的降维处理能力,本书也利用经典的主成分分析法降维以进行对照分析。

t-SNE(t-Stochastic Neighbor Embedding)自身便是一种用于数据降维机器学习算法,它是一种利用概率进行降维分析的方法。t-SNE 的核心是,将高维空间中的任意两个不同的数据点之间的欧氏距离转换为相似概率,这样,通过计算高维空间中的数据点、低维空间中的数据点之间的联合概率分布,以及这两种联合概率分布间的 KL 散度以定义目标函数,进而通过将其作为可优化的变量进行迭代寻优,从而得到高维空间中数据点在低维空间中的最佳映射。

t-SNE 的前身为 SNE 算法,对于高维空间中的数据点 x_i、x_j,两者作为相邻点的条件概率被定义为:

$$p_{j|i} = \frac{\exp\left(-\|x_i - x_j\|^2 / 2\sigma_i^2\right)}{\sum_{k \neq i} \exp\left(-\|x_i - x_k\|^2 / 2\sigma_i^2\right)} \tag{5-12}$$

当 $p_{j|i}$ 较小时,表明空间中 x_i、x_j 相距较远,当其较大时,表明两者距离较近。进一步假设 x_i、x_j 在低维空间中的映射为 y_i、y_j,则 y_i、y_j 之间的相似度通过下式来度量:

$$q_{j|i} = \frac{\exp\left(-\|y_i - y_j\|^2\right)}{\sum_{k \neq i} \exp\left(-\|y_i - y_k\|^2\right)} \tag{5-13}$$

由于 y_i、y_j 为 x_i、x_j 的映射,若其能够完全反应 x_i、x_j 在低维空间中的关系,则 $p_{j|i}$ 应与 $q_{j|i}$ 相等。在这一条件下,SNE 的目的便是使所有数据点的 KL 散度最小化,以获得 $p_{j|i}$ 与 $q_{j|i}$ 最接近的情况。SNE 使用梯度下降法来使代价函数最小化,以获得最接近的 $p_{j|i}$ 与 $q_{j|i}$:

$$C = \sum_i \sum_j p_{j|i} \log \frac{p_{j|i}}{q_{j|i}} \tag{5-14}$$

对于 SNE 而言,其最小化代价函数的优化过程极为复杂,且易出现低维空间点重叠的问题,因此 Maaten 和 Hinton 提出了在低维空间利用 t 分布构建概率分布以解决 SNE 不足的 t-SNE。设高维空间数据点集合 $\{x_1, x_2, \cdots, x_m\}$,定义其中数据点之间的联合概率分布为 $p_{i|j}$,并引入困惑度(perplexity)的概念,使用二分法来确定以数据点 x_i 为中心的高斯分布的方差的最优值。其中,困惑度定义为:

$$\mathrm{Perp}(P_i) = 2^{H(P_i)} \tag{5-15}$$

其中 $H(P_i)$ 为 P_i 的熵,即:

$$H(P_i) = -\sum_j p_{j|i} \log_2 p_{j|i} \tag{5-16}$$

并设低维空间数据点集合 $\{y_1, y_2, \cdots, y_m\}$,定义其中数据点之间的联合概率分布为 $q_{i|j}$,通过计算 p_{ij} 与 q_{ij} 的 KL 散度,从而获得目标函数:

$$C = \mathrm{KL}(P \mid Q) = \sum_{i=1}^m \sum_{j=1}^m p_{ij} lb \frac{p_{ij}}{q_{ij}} \tag{5-17}$$

进一步,得到公式(5-18),以该式为变量对其进行迭代寻优,通过对最大迭代次数进行调整来降低误差,从而获得高维空间数据点在低维空间中的最佳模拟。

$$\frac{\delta C}{\delta y_i} = 4 \sum_{j=1}^{m} (p_{ij} - q_{ij})(y_i - y_j)(1 + \| y_i - y_j \|^2)^{-1} \qquad (5\text{-}18)$$

在 t-SNE 算法中,perplexity 的取值会影响高维空间中高斯分布的复杂度,进而影响结果拟合;同时,最大迭代次数的选取也会对高维空间点在低维空间中的映射误差产生影响。因此,在利用 t-SNE 进行数据降维时,两者应当根据具体实验情况进行调整。

主成分分析(Principal Component Analysis,PCA)是常用的数据分析方法,同时也是一种用于高维数据降维、提取数据主要特征分量的重要方法。PCA 通过线性变换的手段,以将原始高维数据表示为一组各个维度之间线性无关的数据,依据各维度的贡献度进行选择性的保留,从而实现数据的维度压缩。其具体步骤如下:

第一步,对原始数据进行标准化处理。定义维度为 n、包含 m 个样本的样本矩阵为:

$$X = \begin{bmatrix} x_{11} & \cdots & x_{1m} \\ \vdots & & \vdots \\ x_{n1} & \cdots & x_{nm} \end{bmatrix}$$

对其进行标准化处理:

$$x_{ij}^* = \frac{x_{ij} - \overline{x}_j}{\sqrt{\mathrm{Var}(x_j)}}$$

$$\overline{x}_j = \frac{1}{n} \sum_{ij}^{n} x_{ij}$$

$$\mathrm{Var}(x_j) = \frac{1}{n-1} \sum_{ij}^{n} (x_{ij} - \overline{x}_j)^2, \quad j = 1, 2, \cdots, m \qquad (5\text{-}19)$$

其中,x_{ij} 为原始数据,x_{ij}^* 为经过标准化处理后的数据,$\overline{x}_j$ 为特征项 x_j 的样本均值,$\mathrm{Var}(x_j)$ 为特征项 x_j 的标准差。

第二步,计算样本相关系数矩阵。依据公式(5-20),计算标准化样本数据 X^* 的相关系数矩阵:

$$R = \begin{bmatrix} r_{11} & \cdots & r_{1m} \\ \vdots & & \vdots \\ r_{n1} & \cdots & r_{nm} \end{bmatrix}$$

$$r_{ij} = \mathrm{cov}(x_i, x_j) = \frac{\sum_{k=1}^{n} (x_i - \overline{x}_i)(x_j - \overline{x}_j)}{n-1}, \quad n > 1 \qquad (5\text{-}20)$$

第三步,比较相关系数矩阵 R 的特征值 λ_i 和对应的特征向量 $a_i=(a_{i1},$ $a_{i2},\cdots,a_{im})$,$i=1,2,\cdots,n$。

第四步,选择主成分。PCA 通过计算各个主成分的贡献率来进行重要主成分的选取,贡献率即某一主成分的方差与全部主成分总方差的比值,也可以表示为其所对应的特征值与全部特征值之和的比值,计算公式为:

$$\omega_i = \frac{\lambda_i}{\sum_{i=1}^{m} \lambda_i} \tag{5-21}$$

对于一个主成分而言,其贡献率 ω_i 越大,表明其所覆盖的原始数据的信息越多,依据贡献率对主成分进行排序,选取贡献率累加大于特定数值(通常为 85%)的主成分作为降维数据的特征项。

5.2　数据驱动的煤矿安全风险评价模型构建

由于煤矿井下环境复杂多变的特点,煤矿安全风险性评价是一个动态的过程。数据驱动的煤矿安全风险性评价的中心思想为,以煤矿事故大数据为驱动以构建起各事故风险致因与事故之间的关联模型,并以煤矿实时收集的安全数据为输入以对煤矿当前的安全风险性进行动态的评价。模型构建主要分为两部分,流程如图 5-2 所示。

第一部分:分别通过 t-SNE 和 PCA 技术对原始高维输入数据进行降维处理,以降低其属性复杂度,提高评价模型性能。这一步中,以原始数据为输入,通过调整 t-SNE 的相关参数以构建多组降维模型,来获得同等组数的降维数据,在此基础上,从不同组降维数据的聚类优度以及应用降维数据进行训练测试的风险性评价模型评价结果等维度确定最佳的参数组合,并与应用 PCA 方法进行降维的评价模型测试结果进行对比,以获得具备最佳降维能力的模型。

第二部分:采用 ACROA 优化的 ELM 来构建煤矿安全风险性评价模型。针对 ELM 随机化输入权重和隐层偏置特性所带来的问题,使用人工化学反应优化算法确定 ELM 的最优参数组合,并分别使用各组降维数据和未降维数据进行煤矿安全风险性评价模型的构建和测试,由此确定具有最佳评价准确性和时间优势的风险性评价模型,为煤矿安全风险性的动态评价应用提供思路。

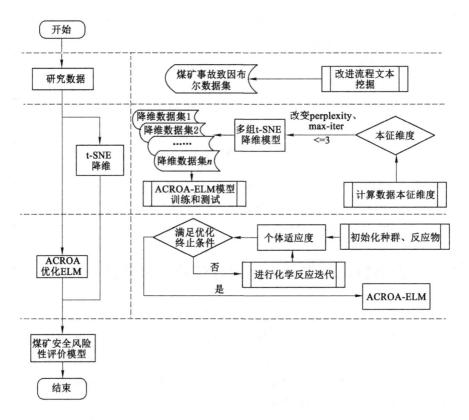

图 5-2　煤矿安全风险性评价模型流程

5.2.1　数据准备

样本数据集来源于第 3 章经由文本挖掘处理煤矿事故案例报告所获得的煤矿事故风险致因布尔数据集,同时对每一个单独的样本依据其对应的事故案例的等级为其添加风险等级项,从而构成完整的样本数据集,共计 828 份样本。其中,风险等级项与原事故案例所对应的事故等级相对应,即将一般事故、较大事故、重大事故、特重大事故的 4 级划分映射为一般风险、较大风险、重大风险、特重大风险。安全风险性评价模型以事故风险致因为输入,并以风险等级为输出;同时,以随机 80％ 的样本作为训练集,以其余 20％ 的样本为测试集,完成模型的构建与初步验证。

5.2.2　基于 t-SNE 的数据降维

由于煤矿事故风险致因复杂,模型输入维度较高,为减少数据多重共线性、高模型复杂度、高训练时间成本等问题给机器学习过程带来的负面影响,在进行安全风险性评价建模前对原始输入数据进行降维是必要的。本章分别使用 t-SNE 和主成分分析方法来进行数据降维处理,并对比应用此两种降维方法和不进行数据降维处理的风险安全性评价模型的性能。

本征维度(intrinsic dimensionality)是描述数据降维过程的重要术语,其可以定义为:低维数据空间点可以通过简单地增加空白维度或随机维度使其转换至高维数据空间当中,而高维数据空间中的点集也可以在不丢失重要信息的前提下,将其降维至低维数据空间中的最低维度。对于 t-SNE 算法而言,由于其倾向于保留原始数据的局部特征,故其存在无法将本征维度过高的数据的信息完整地映射到 2 维或 3 维空间中的特点,也就是说,对于本征维度较高的数据,无法利用 t-SNE 方法获得较好的降维结果。而与此同时,数据降维的目的是,在不丢失原始数据特征的条件下,将其维度降至最低。因此,在应用 t-SNE 进行数据降维之前,需要首先对原始数据集的本征维度进行计算以判断该降维方法是否适用于该煤矿事故致因数据集的降维当中。本书使用 G-P 算法来对原始数据集的本征维度进行估计,这一过程是利用 MATLAB 2017a 软件的 drtoolbox 工具箱来完成的,通过计算样本数据关联维数的估计值,来获得其本征维度。经过计算,原始数据的关联维数的估计值为 3.16,因此可以确定该样本集的本征维度为 3,也即 t-SNE 方法适用于该数据集的降维处理当中,且最佳的降维结果维度为 3。

本书使用 R 3.5.1 编程实现 t-SNE 降维的过程,对原始数据的输入部分进行处理,获得该数据集在目标维度也即 3 维数据空间中的映射点。由前文可知,困惑度以及最大迭代次数是控制 t-SNE 降维效果的主要参数,两者与本征维度也是进行 t-SNE 降维所必须确定的参数。其中,困惑度是对降维效果产生影响的最主要参数,其对算法拟合进行控制,对于高维数据空间之中的高斯分布复杂度具有最主要的影响;而最大迭代次数(max-interation,简记为 max-iter)则表示 t-SNE 目标函数寻优的最大迭代次数,原则上最大迭代次数不应小于 250,但该数值也并非越大越好。困惑度与最大迭代次数的确定没有固定的标准,本书采用通过调整困惑度和最大迭代次数的取值的方式来构建多组不同参数组合下的 t-SNE 模型,并获得多组降维数据。通过对比不同组降维数据的聚类效果，并讨论使用不同组降维数据验证煤矿安全风险性评价模型结果的误差、R-square 以及 MAPE 等指标，来确定最佳的 t-SNE 模型。

PCA 降维过程同样应用 R 3.5.1 编程来实现，为了最大地保留原始数据中隐含的信息，本书选取累积贡献率达到 90% 的主成分作为原始数据降维后的新维度，并生成对应的降维数据集。同样地，通过对比该降维数据集与最佳的 t-SNE 降维模型结果的聚类效果，以及风险安全性评价模型的验证结果，来确定具有最好效果的降维方法。

5.2.3 ACROA 优化的 ELM 风险评价模型

煤矿安全风险性评价是使用 ACROA 优化的 ELM 模型来完成并使用 R 3.5.1 编程实现的。利用 ACROA 对 ELM 进行优化的目的是，借助 AC-ROA 强大的自主寻优能力来确定 ELM 模型最佳的输入权重和隐层偏置，从而实现消除 ELM 预测结果的随机性并提高其泛化能力。ACROA 优化的 ELM 步骤如下：

（1）确定种群大小 S 以及最大迭代次数 N。

（2）设定初始反应物集合 P_0。以输入权重和隐层偏置为寻优目标，随机生成由二进制编码的反应物 R_0、R_1，依据前文所述反应物分割流程，重复生成新的反应物，直至反应物总数不小于种群大小 S，称其为初始反应物集合 P_0。

（3）确定适应度函数，并计算初始反应物的个体适应度。AROCA 优化 ELM 的目标是使 ELM 模型期望输出与实际输出之间的误差最小，因此优化问题转换为求焓问题。反应物 R_i 的适应度函数也即焓值表示为 $Fitness_i$，即以该反应物解码所得的输入权重和隐层偏置组合作为初始输入权重和隐层偏置的 ELM 模型测试结果的 MAPE 值。

（4）进行化学反应迭代，生成下一代反应物集合。对 P_0 中的所有反应物个体执行合成、置换、氧化还原等反应，生成新的反应物 $R_i^{(1)}$，并计算该反应物个体的适应度 $Fitness_i^{(1)}$。对比 $Fitness_i$，若 $Fitness_i^{(1)}$ 减小，则使用 $R_i^{(1)}$ 替换 R_i，否则舍弃该反应物 $R_i^{(1)}$，由此生成下一代反应物集合 P_1。

（5）判断是否满足优化终止条件。计算新的反应物集合中个体的适应度，若存在个体适应度也即 ELM 模型精度要求，或达到最大迭代次数，则结束寻优过程，将具有最佳适应度的反应物进行解码从而获得最优输入权重和隐层偏置组,否则重复步骤(4)、(5),直到满足终止条件。

(6) 根据最优输入权重和隐层偏置,计算隐含层输出矩阵 $\boldsymbol{H}$ 和连接权值 $\boldsymbol{\beta}' = \boldsymbol{H}^+ \boldsymbol{T}$。

ACROA 优化的 ELM 模型的煤矿安全风险性评价能力的评价标准包括三项指标:预测结果的 R-square、均方误差(RMSE)以及平均绝对百分比误差(Mean Absolute Percentage Error,MAPE)。R-square 定义如下:

$$R\text{-square} = 1 - \frac{\displaystyle\sum_{i=1}^{n}\sum (y_i - \hat{y_i})^2}{\displaystyle\sum_{i=1}^{n}\sum (y_i - \overline{y_i})^2} \tag{5-22}$$

式中,y_i 表示样本输出实际值,$\overline{y_i}$ 为 y_i 的均值,$\hat{y_i}$ 为样本输出预测值。R-square 是反应模型拟合能力的重要指标,通过数据的变化来表征一个模型拟合的好坏,其取值范围为$[0,1]$,R-square 越接近 1,拟合的效果越好。通常情况下,R-square 越接近于 1,表明模型预测结果与实际值越接近。原则上,一个合格风险评价模型其预测结果的 R-square 不应过低,但过高的 R-square 也有可能表明模型存在过拟合的现象。

RMSE 与 MAPE 的计算公式如下:

$$RMSE = \sqrt{\frac{1}{n}\sum_{i=1}^{n} (y_i - \hat{y_i})^2} \tag{5-23}$$

$$MAPE = \frac{100\%}{n}\sum_{i=1}^{n} \left| \frac{\hat{y_i} - y_i}{y_i} \right| \tag{5-24}$$

RMSE 同样是监测模型预测值和实际值间误差的指标,该值越小,表明模型拟合能力越强。RMSE 的大小受到样本数据绝对值的影响,因此往往同时引入 MAPE 进行联合分析。MAPE 进一步考虑了样本绝对值对于误差表达的影响,其值越小,模型预测结果越接近真实情况。需要说明的是,当样本输出存在为 0 的情况时,MAPE 不可使用。

除上述用于反应模型拟合情况的指标外,由于煤矿生产环境中监测数据量巨大,为了实现对煤矿安全风险性的实时评价以及模型的动态学习更新,进行模型的性能评价时,建模过程中训练及测试所消耗的时间成本也是必须要考虑的重要因素。神经网络作为一种高时间复杂度算法,当数据量增大时其所消耗的时间成本也将呈指数级增长,面对煤矿生产环境下海量的监测数据,过低的模型训练及评价速度无疑会使风险评价的价值大打折扣。

5.3　t-SNE 和 ACROA-ELM 相结合的煤矿安全风险评价

依据前文所述方法,使用原始数据集进行基于 ACROA-ELM 的煤矿安全风险性评价模型的构建及验证。安全风险性的评价过程是通过 t-SNE 和 ACROA-ELM 的多次执行来完成的。改变 t-SNE 的困惑度及最大迭代次数参数以构建多个降维模型,对原始数据进行降维处理,并使用这些经过降维后的数据对风险性评价的结果进行验证,从而确定最佳的 t-SNE 模型。选取最佳 t-SNE 模型后,进一步对比应用 PCA 降维的评价模型验证结果以及未进行数据处理的模型验证结果,以得到最好的安全风险性评价模型及其性能。上述过程的结果将在下文中进行详细的阐述,其中,ACROA 的参数设置为:种群数量 20,最大迭代次数为 100。

5.3.1　数据降维过程

本书通过改变 t-SNE 的困惑度、最大迭代次数参数构建了 12 组不同的 t-SNE 模型,并依次对原始数据进行降维处理,这一过程是通过控制变量的方式来完成的。由于困惑度的选取在极大程度上左右了 t-SNE 的性能,故优先通过改变困惑度的取值来判断其对数据降维效果的影响,进而确定其最佳取值,在此基础上,进一步对最大迭代次数的选取进行分析。困惑度的取值不应超过(样本数－1)/3,否则将导致高维空间中高斯分布复杂度异常,拟合效果降低。因此,首先选取了 25,50,100,150,200,250,275 等具有代表性的困惑度取值,固定最大迭代次数为 1 000,进行多组原始数据的降维实验,并利用降维数据进行安全风险性评价模型的训练及验证,结果如表 5-1 所示。

由表 5-1 中结果可以看出,以煤矿安全风险评价结果的 R-square、RMSE 以及 MAPE 为标准进行降维模型效果的评判时,当最大迭代次数取值为固定值 1 000 时,困惑度的变化对于数据降维效果的影响并未呈现出特定的规律。通过简单对比发现,当其取值为 150 时,所对应的评价模型具有更优秀的性能,此时,其 R-square 为 0.632,同时 RMSE、MAPE 的值也相对较低,由此可以猜测最佳的困惑度取值可能处于 100 到 200 区间。进一步,通过二分法以同样的方式依次计算困惑度取值为 125、175、162 时的情况,结果显示,当困惑度取值为 162 时,模型获得了最佳的拟合结果。考虑到 150、

162 与 175 之间的取值范围已经较小,无须进一步划分取值区间,故可以认为对于原始数据而言,当困惑度为 162 时可以获得最佳的 t-SNE 降维效果。

确定困惑度的最佳取值后,改变最大迭代次数以讨论在评价模型验证过程中具有最佳表现的 t-SNE 参数组合。由表 5-1 中可以看到,最大迭代次数的改变对于评价模型的准确性同样存在相当程度的影响,使评价模型测试结果的 R-square、RMSE、MAPE 等指标均产生了较大变化。总体上看,在一定范围内 t-SNE 的降维效果随着最大迭代次数的增加而提升。在困惑度取值为 162 的条件下,从取值为 250 开始,随着最大迭代次数的增加,测试结果的 R-square 持续提高,RMSE、MAPE 不断降低,直至最大迭代次数为2 250 时取得极值。在此之后,随着最大迭代次数的增加,模型的 R-square、RMSE、MAPE 开始向相反方向进行变化。因此可以认为,当困惑度取值为162,最大迭代次数为 2 250 时,t-SNE 模型可以在对原始数据的降维处理中获得最佳的结果。

表 5-1　17 组降维数据评价测试结果

序号	困惑度	最大迭代次数	R-square	RMSE	MAPE	R-square（training）	RMSE（training）
1	25	1 000	0.392	0.404	0.127	0.443	0.396
2	50	1 000	0.597	0.361	0.097	0.724	0.248
3	100	1 000	0.616	0.349	0.084	0.696	0.252
4	150	1 000	0.632	0.344	0.081	0.707	0.248
5	200	1 000	0.575	0.352	0.087	0.773	0.225
6	250	1 000	0.425	0.403	0.125	0.79	0.221
7	275	1 000	0.448	0.402	0.120	0.488	0.380
8	125	1 000	0.656	0.330	0.072	0.712	0.264
9	175	1 000	0.708	0.320	0.066	0.707	0.248
10	162	1 000	0.719	0.317	0.057	0.802	0.209
11	162	500	0.371	0.409	0.130	0.455	0.402
12	162	1 000	0.551	0.393	0.117	0.822	0.197
13	162	2 000	0.648	0.356	0.074	0.833	0.194
14	162	3 000	0.693	0.337	0.084	0.609	0.260

表 5-1(续)

序号	困惑度	最大迭代次数	R-square	RMSE	MAPE	R-square（training）	RMSE（training）
15	162	2 250	0.743	0.314	0.050	0.712	0.260
16	162	2 500	0.661	0.349	0.081	0.683	0.254
17	162	2 750	0.622	0.360	0.094	0.775	0.219

除对比不同降维模型对安全风险性评价模型预测结果精度的影响以外，进行最佳 t-SNE 模型的选取还需考虑更多维度的因素。为了更为详细地阐述这一过程，本书选取了 4 组具有代表性的参数组合所构成的 t-SNE 模型来对其进行更加全面的对比，包括低维数据的聚类结果以及模型验证结果。所选取的 4 组模型的参数组合为：困惑度及最大迭代次数分别为150、1 000 时的模型 4；困惑度及最大迭代次数分别为 162、1 000 时的模型 10；困惑度及最大迭代次数分别为 162、3 000 时的模型 14；困惑度及最大迭代次数分别为 162、2 250 时的模型 15。应用上述模型对原始数据进行处理，从而得到对应的降维数据集。

（1）降维数据聚类效果分析

对 4 组降维数据集进行 K-means 聚类分析，计算每组数据聚类结果的平均轮廓系数，其定义如下：

定义所有数据点(对象)集合 D，其中任意对象为 o，则 o 所属的簇与所有其他对象 o' 之间的平均距离为：

$$a(o) = \frac{\sum_{o \in C_i, o! = o'} \text{dist}(o, o')}{|C_i| - 1} \tag{5-25}$$

式中：C_i 为对象 o 所属的簇；$|C_i|$ 为簇中对象数；$\text{dist}(o, o')$ 为对象 o 与不为 o 的对象 o' 之间的欧几里得距离。o 到所有不包含 o 的簇之间的最小平均距离为：

$$b(o) = \min_{C_j: 1 \leqslant j \leqslant k, j \neq i} \left\{ \frac{\sum_{o' \in C_j} \text{dist}(o, o')}{|C_j|} \right\} \tag{5-26}$$

式中，k 为集合 D 中点簇总数。由此，对象 o 的轮廓系数计算公式为：

$$s(o) = \frac{b(o) - a(o)}{\max\{a(o), b(o)\}} \tag{5-27}$$

该值反映了对象 o 所在簇的紧凑情况,以及 o 远离其他簇的情况,其取值范围为 $[-1,1]$。计算集合 D 中所有对象的轮廓系数均值,即得到该集合的平均轮廓系数,该数值越趋近于 1,表明每个簇内越紧凑而簇与簇值之间的距离越大,是测定聚类质量的重要指标。与此同时,轮廓系数也是用来确定聚类簇数的重要依据,各模型轮廓系数与其聚类簇数 k 关系如图 5-3 所示。

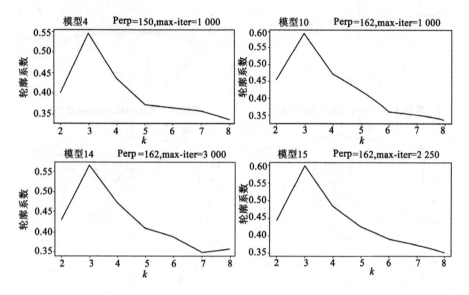

图 5-3　轮廓系数与聚类簇数 k 关系

可以看到,四个模型的最佳聚类簇数均为 3,对此时各模型聚类结果的平均轮廓系数进行展示,如表 5-2 所示。

表 5-2　聚类结果平均轮廓系数

模型	模型 4	模型 10	模型 14	模型 15
平均轮廓系数	54.7%	58.4%	57.1%	59.6%

进一步,将四组降维数据的聚类结果在 3 维空间中进行展示,如图 5-4 所示。

结合表 5-2、图 5-4 可以看到,显然,模型 15 拥有最清晰的聚簇,不同聚簇之间几乎不存在交叉,这是在其他三组降维数据聚类结果中不曾出现的。

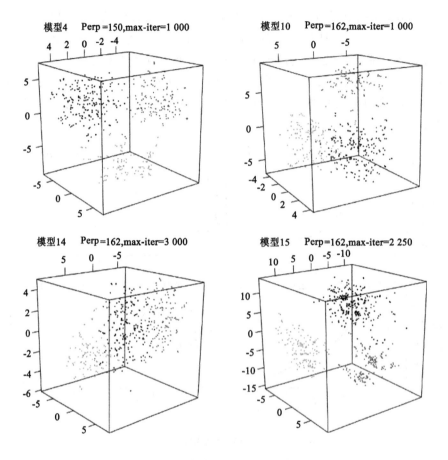

图 5-4　降维数据 3 维空间聚类展示

正是因为如此,虽然这一模型中的低维空间点分布在范围更大的坐标系内,但其仍然拥有最高的平均轮廓系数。较高的平均轮廓系数表明其簇内点距离更为紧密,簇间距离更远,同时相对地存在更少的游离点,因此,从降维数据聚类质量的角度来分析,困惑度及最大迭代次数组为 162、2 250 时的模型 15 更胜一筹。

(2)降维模型测试结果分析

图 5-5 直观地展示了应用 4 组降维数据的模型测试结果的 R-square 值。如前文所述,应当选取具有尽量高的 R-square 的风险安全性评价模型,因为其具备更好的拟合性能,但同时也应考虑过高的 R-square 所反映的模

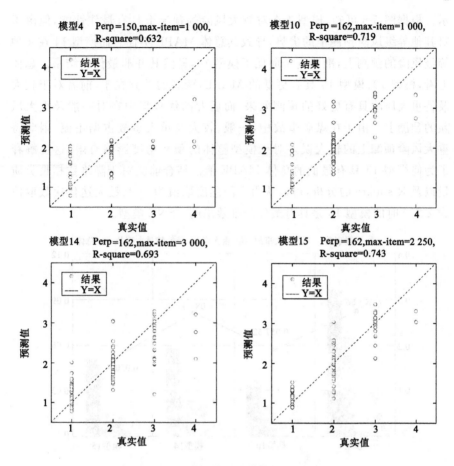

图 5-5 风险评价测试结果的 R-square

型过拟合问题,因此,在进行数据降维效果检验及风险性评价模型精度预测时,只有测试结果的 R-square 处于 0.5 至 0.95 区间的模型在本书中被认为是可靠的。由图中可以看到,相比于其他模型,模型 15 具有更高的 R-square 值,且对于风险等级为一般、较大、重大时的预测结果模型 15 的 R-square 值也较为紧密地分布在轴线附近。这表明对于这三个等级风险,模型 15 具有相当程度的精度。

进一步通过图 5-6 对各组模型 MAPE 的分布情况进行分析,考虑到煤矿安全风险性等级将评价模型的输出结果划分为一般风险、较大风险、重大风险、特重大风险,因此依风险等级对各组模型的 MAPE 数据进行独立展示。根据图 5-6 可知,模型 4 在对较大风险的预测上具有最佳性能,但由于对其他等级风险预测上的劣势,导致其总体 MAPE 不佳。而模型 14 在 4 种等级风险的预测上,准确度全面低于模型 10,显然其并非最佳的结果。总体上看,模型 10、模型 15 具有更低的 MAPE,两者的差异在于,前者对于较大及特重大风险具有更好的预测效果,而后者的优势集中在对一般及重大风险的预测上。由于在煤矿事故中,一般、较大及重大事故占据主流,因此特重大风险预测上的较大误差对于模型整体的预测精度影响有限,这也解释了为何模型 15 具有最低的总体 MAPE 值。结合前文对于降维数据聚类质量以及 R-square 的分析,可以认为当困惑度取值为 162、最大迭代次数取值为 2 250 时的模型 15 是具有最佳降维效果的 t-SNE 模型。

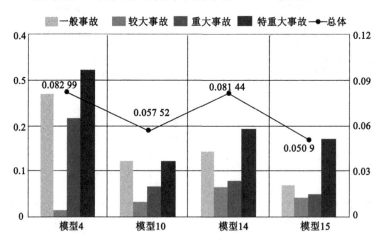

图 5-6　降维模型测试结果 MAPE 分布

需要说明的是,通过调整困惑度与最大迭代次数的取值来确定最佳 t-SNE 降维模型的过程同样可以借助包括 ACROA 在内的优化算法的自动寻优能力来完成。但由于困惑度及最大迭代次数的取值范围较大,通过优化算法的多次迭代计算来获得最优值无疑会消耗巨大的计算资源,在一定程度上与通过优化算法来提高模型性能的初衷相悖。而与此同时,煤矿安全风险性评价模型的性能对于困惑度及最大迭代次数的小幅度变化并不敏感,通过人为的参数调优足以为 ACROA-ELM 模型的预测精度带来较大的提升,因此通过控制变量来人为确定 t-SNE 的参数是可行且有效的。

（3）降维方法效果对比

　　确定最佳 t-SNE 降维模型后,同样对基于 PCA 的数据降维过程及结果进行展示分析。PCA 降维过程同样通过 R 语言编程实现,使用 prcomp 包进行原始数据的降维,得到各主成分贡献率和累积贡献率,如表 5-3 所示。

表 5-3　主成分贡献率和累积贡献率

成分	初始特征值		
	特征值	贡献率/%	累积贡献率/%
1	11.007	39.311	39.311
2	4.903	17.508	56.819
3	3.644	13.016	69.835
4	2.814	10.049	79.884
5	1.555	5.557	85.441
6	0.99	3.534	88.975
7	0.581	2.076	91.051
8	0.546	1.95	93.001
9	0.504	1.8	94.801
10	0.476	1.702	96.503
11	0.266	0.952	97.455
12	0.254	0.907	98.362
13	0.156	0.558	98.92
14	0.096	0.343	99.263
15	0.089	0.318	99.581
16	0.043	0.153	99.734
17	0.033	0.118	99.852
18	0.021	0.076	99.928
19	0.014	0.048	99.976
20	0.007	0.024	100

　　从表 5-3 中可以看到,前 5 个主成分的累积贡献率达到了 85.441%,该数值超过常规的主成分累积贡献率要求(85%),这表明由这 5 个主成分足以覆盖原始数据绝大部分的特征,从而有效反映来自监管部门、煤矿企业、现场管理、作业人员以及环境与设备等五个层面的煤矿事故风险因素与煤矿

安全风险性之间的非线性关系,故可以将前5个主成分作为PCA降维的目标维度。

表5-4为上述5个主成分所对应的系数矩阵,依据公式(5-28)对原始数据进行处理,得到降维后的数据。

表5-4　主成分系数矩阵(部分)

事故风险因素	P_1	P_2	P_3	P_4	P_5
安全监管计划制定不科学	−0.072	−0.067	−0.033	−0.106	0.372
安全监管不到位	0.917	−0.036	−0.046	0.102	0.001
隐患整改跟踪不到位	0.034	0.957	−0.113	−0.115	−0.004
未认真履行安全监管职责	0.017	0.952	−0.113	−0.139	0.020
日常监督检查松懈	0.911	−0.037	−0.053	0.127	0.009
安全管理和技术措施审批不到位	0.017	0.139	0.096	−0.387	0.211
复工复产验收组织不力	−0.085	0.483	−0.090	0.575	0.171
安全管理混乱	0.173	0.241	0.537	−0.279	−0.103
违法违规组织生产	0.846	0.038	−0.005	−0.025	−0.009
安全管理和专业技术人员配备不足	−0.005	0.148	−0.105	0.308	0.323
安全培训教育不到位	0.016	0.941	−0.109	−0.175	0.011
未严格制定和执行安全技术措施	−0.788	−0.051	−0.083	0.260	0.009
未建立健全安全管理机构	0.016	−0.016	0.605	0.194	0.144
不执行监管指令	0.071	0.169	0.756	0.058	0.103
应急救援管理不落实	−0.187	0.169	0.092	0.216	−0.091
安全生产责任制落实不到位	−0.112	−0.106	0.027	0.271	0.368
安全投入不足	0.071	0.081	0.781	0.179	−0.008
劳动用工管理混乱	−0.389	0.149	0.123	0.197	−0.426
违规使用国家明令禁止的设备和工艺	−0.135	−0.155	0.014	−0.129	−0.574
安全风险管控工作不到位	−0.136	−0.068	−0.057	0.149	−0.190

……

— 134 —

$$\begin{cases} P_1 = a_{11}x_1 + a_{12}x_2 + \cdots + a_{1n}x_n \\ P_2 = a_{21}x_1 + a_{22}x_2 + \cdots + a_{2n}x_n \\ \cdots \\ P_m = a_{m1}x_1 + a_{m2}x_2 + \cdots + a_{mn}x_n \end{cases} \tag{5-28}$$

式中：P_m 为降维后的主成分；x_n 为初始的煤矿事故风险因素；a_{mn} 为主成分所对应的系数。将得到的降维后的数据作为输入，同样地，将风险等级作为输出进行煤矿安全风险评价模型（模型 A）的训练和测试，结果如表 5-5 所示。表中同时展示了使用最佳的 t-SNE 模型进行数据降维风险性评价模型（模型 B）测试结果，由此，对两种情况进行直观的对比。由于应用 t-SNE 与 PCA 两种降维方法所得到的降维数据维度不同，无法从降维数据聚类质量方面对两者进行分析，因此，评价标准仍选取最直接反映煤矿安全风险性评价模型预测精度的 R-square、RMSE 以及 MAPE 三项指标。

表 5-5　PCA 及 t-SNE 降维测试结果

模型	R-square	RMSE	MAPE	R-square(训练)	RMSE(训练)
模型 A	0.645	0.337	0.058	0.693	0.262
模型 B	0.743	0.313	0.050	0.712	0.260

由表 5-5 可以看到，相比于基于 PCA 的降维方法，t-SNE 降维对于提升模型预测精度具有更为显著的效果，在训练结果以及测试结果的三项评价指标上，均获得了比 PCA 降维更为优秀的结果。事实上，PCA 作为一种线性算法，无法实现有效地解释特征之间的复杂多项式关系。由于包括 PCA 在内的线性降维算法侧重于将高维空间中不相近的数据点映射至低维空间中远离的位置，而不具备充分地将相近的数据点映射至低维空间中相近位置的能力，但显然为了实现在低维、非线性流形上表示高维空间中的数据点的目标，这一能力又是必需的，因此 PCA 往往难以满足高维非线性数据的降维需求。

相对的，t-SNE 本质上是在领域图上随机游走的概率分布的基础上实现的，具备在数据中发现结构关系的能力。t-SNE 假设高维空间数据实际上是处于更低维度的非线性流形上，从而使得相似的高维空间点在低维空间中靠近表示，因此往往能够较大程度上使数据的局部和全局结构得以保留，从而获得最佳的降维效果，而上述的实验结果也证明了这点。

5.3.2 ACROA-ELM 预测过程

确定最佳的 t-SNE 降维模型后,对引入 t-SNE 降维的煤矿安全风险性评价模型的预测性能进行验证,将该模型风险性评价的训练及测试结果与使用原始数据进行风险性评价的基本 ACROA-ELM 模型的训练及测试结果进行对比。同样地,比较评价标准包括基础的 R-square、RMSE 以及 MAPE 三项数值,此外,相比前文对于降维模型性能比较的过程更进一步,在 ACROA-ELM 模型验证的过程中,模型用于训练、测试所消耗的时间成本,以及风险性评价结果的误差分布情况也是必须要考虑的因素。由于煤矿井下生产条件瞬息万变,风险性评价结果必须具备较强的时效性,但风险性评价设备的硬件性能往往存在瓶颈,而随着数据量的增大,评价模型的复杂程度会呈几何式增长,这对评价模型的性能提出了极高的要求。因此,在煤矿井下海量监测数据的条件下,具有优秀训练、计算速度的评价模型将在实际的煤矿安全风险评价应用中获得巨大的优势。另一方面,模型的误差是无法避免的,在实际的煤矿安全风险性评价中,煤矿企业乃至监管机构对于煤矿安全风险性评价结果的高估及低估的可容忍程度是不同的。企业与监管机构往往能够接受高估安全风险性所带来的风险控制资源一定程度的浪费,但往往难以承受低估安全风险性所带来的疏忽大意进而导致煤矿安全事故所带来的后果。因此,通过对评价模型预测结果的误差分布进行分析,能够了解到这一模型对于煤矿安全风险性的评价是倾向于高估还是低估,这无疑对于煤矿企业在安全生产管理中的风险控制具有重大的意义。

对于使用 t-SNE 进行数据降维的 ACROA-ELM 模型,称之为降维 ACROA-ELM 模型,而未进行数据降维处理的模型,称其为原始 ACROA-ELM 模型,为了方便后文的分析,将两种模型分别标记为模型 A 以及模型 B;此外,为验证 ACROA 的参数寻优能力,同时引入经典的遗传算法(GA)对 ELM 进行优化,标记经过降维处理的 GA-ELM 模型为模型 C。表 5-6 中展示了 3 种安全风险性评价模型训练及测试的结果。

首先对比应用两种不同优化算法的情况,对比模型 A 和模型 C 的测试结果,显然,在测试集的表现上,应用 ACROA 进行优化的 ELM 模型要好于应用 GA 的模型。与此同时,相比于模型测试精度方面的劣势,GA-ELM 在模型的训练及测试速度方面表现出小幅度的优势。然而,在实际场景的风险评价中,这种在模型评价速度上的些许优势显然无法弥补精度上的不足,因此，可以认为，在对文中模型的优化中，ACROA 相比 GA 更具优势。

表 5-6　3 种评价模型训练及测试结果

算法模型	R-square	RMSE	MAPE	R-square(训练)	RMSE(训练)	耗时(秒)
模型 A	0.743	0.313	0.050	0.712	0.325	72.5
模型 B	0.703	0.309	0.048	0.998	＊＊	210.4
模型 C	0.684	0.328	0.056	0.764	0.308	66.3

继续观察模型 A、B 的结果，相比于未进行数据降维处理的模型 B，模型 A 的测试结果在 R-square 上得到了一定程度的提高，表明其拥有更好的拟合效果。但令人遗憾的是，该模型在 RMSE 及 MAPE 两项指标上相比于模型 B 并未得到更好的结果。在前文确定最佳数据降维模型的过程中，最佳的 R-square 数值往往同时伴随着最佳的 RMSE 及 MAPE，因此，这一结果显然增加了判断模型 A 与模型 B 哪个更为优秀的难度。

进一步观察两项模型对于训练集的拟合结果，其中模型 B 的 R-square 达到了极高的数值(0.998)，近乎等于 1，同时 RMSE 与 MAPE 的取值也接近于 0，但正如前文中所述，在实际的机器学习拟合模型构建中，接近于 1 的 R-square 通常并不能说明模型取得了完美的拟合效果，而往往产生了过拟合现象。对比模型 B 的测试结果，显然虽然在训练集中这一模型具有极高的 R-square，但在测试过程中该模型并没有得到同样惊人的 R-square 值，这表明模型 B 确实存在一定程度的过拟合现象，而结合该模型并未使用数据降维手段对输入数据进行处理的背景，可以确定正是由于未经降维处理的原始数据过高的输入维度以及噪声导致了这一问题。

除此之外，表中时间一栏显示，模型 A 用于训练及测试所消耗的时间成本远远低于模型 B，即便对于模型 A 已经计算了其利用 t-SNE 对原始数据进行降维处理所消耗的时间，而事实上 t-SNE 数据降维过程所消耗的时间比起用于评价模型训练及测试所消耗的时间相差甚远，几乎可以忽略不计。显然，利用 t-SNE 在风险性评价模型构建前对原始数据进行处理，将以极小的降维时间成本换来巨大的评价模型建模及运行速度方面的提升，这无疑使得模型 A 比起模型 B 在实际的煤矿工业应用中具有极大的优势，而这也是引入 t-SNE 降维对风险性评价模型最大的提升。

为了更为严谨地判断相比于模型 B，模型 A 是否更加优秀、是否具备更强的可行性,仍需要从测试结果的误差分布的角度来对两种模型进行更进一步的对比分析。图 5-7 所示为两种模型测试结果中,每个风险等级预测结果的 MAPE 值以及测试结果总体的 MAPE 值。从图中可看出,两种模型测试结果在 MAPE 的差异上极其微小,主要体现在模型 A 对于较大及重大风险预测的优势,以及模型 B 对于一般及特重大风险预测的优势。

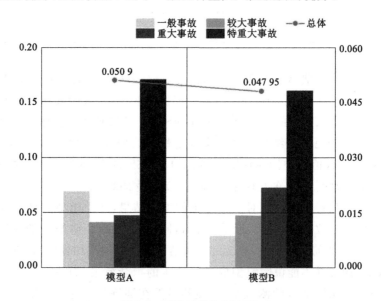

图 5-7　测试结果的 MAPE

　　更进一步地,图 5-8 展示了模型 A 预测结果的误差分布。可以看到,对于模型 A 而言,约有 41% 的测试结果的误差分布于 −0.1 至 0.1 之间,这样的误差范围意味着可以认为对这些数据的预测是零误差的。

　　而与此同时,观察模型 B 预测结果的误差分布,如图 5-9 所示,模型 B 的零误差预测比例则约为 38%,这表明模型 A 具有更好的准确预测能力。

　　此外,从图 5-8 和图 5-9 观察两种模型在不同等级风险的预测结果中的分布情况,可以看到,模型 A 倾向于高估一般以及较大两个等级的风险,并倾向于低估特重大这一等级的风险;同时,模型 B 倾向于高估重大这一等级的风险,而对较大风险及特重大风险两个等级倾向于进行低估。需要说明的是,由于特重大风险这一等级的事故案例相对较少,不充分的数据往往难以满足模型的训练需求,这使得模型对于这一等级风险的预测存在较大的误差,正如图 5-5、图 5-6 及图 5-7 所示。因此,两种模型对于这一等级风险

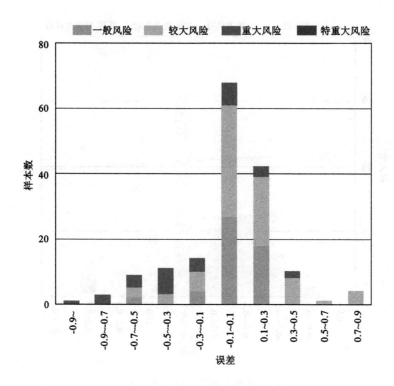

图 5-8 模型 A 测试结果误差分布

的低估并不具有参考性。而在煤矿实际生产中，对于可能存在的风险的高估往往导致煤矿对整体安全情况过多不必要的关注，这意味着风险管控成本的增加；而对风险的低估则可能导致对风险防范的大意，带来作业管理麻痹大意、应急措施不充分等问题，进而促使由风险向事故的转化。考虑到目前我国煤矿事故的数量与所造成的死亡人数、经济损失仍高于多数发达国家，减少事故发生并降低事故带来的损失仍是煤矿安全管理的第一要务，为此政府不惜以牺牲经济效益为代价来减少事故的发生，因此，对于煤矿实际生产而言，倾向于对更易出现的一般风险、较大风险进行高估的模型 A。

综合上述分析可以认为，应用 t-SNE 进行数据降维处理的模型 A 具有更优秀的煤矿安全风险性评价性能。事实上，由于煤矿安全风险性等级是离散的，而非预测结果中连续的数值，因此往往采用四舍五入的方式将连续的风险等级预测结果转化为离散的等级。也即当模型预测结果的误差在

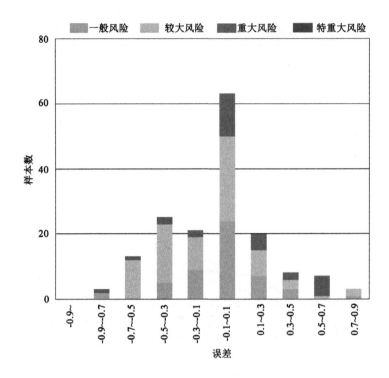

图 5-9　模型 B 测试结果误差分布

（$-0.5, 0.5$）的范围内时，误差的存在并不会对预测结果的正确性产生影响，可以认为此次预测是正确的。通过这种方式对模型 A 的测试结果进行处理，由此 166 个测试案例中，有 92.7％的案例可以被正确地预测，这无疑是令人满意的结果。

5.3.3　结果分析

本章中，煤矿安全风险性评价模型的建立是由数据所驱动的，这些数据来源于第 3 章中文本挖掘技术对于煤矿事故案例的处理，这确保了数据的来源真实可靠并且内容记录极为详细，从而最大化发挥机器模型探究数据间的非线性关系的能力。虽然对于煤矿事故案例的收集不可避免地存在遗漏，但本章的结果表明以数据为驱动来进行煤矿安全风险性评价的建模是可行的。然而，利用改进流程的文本挖掘技术虽然最大程度上提取了煤矿事故的致因要素并对重复要素进行了合并，但不同的要素之间仍无法完全避免存在交叉,例如,在特定的口径下,"安全管理混乱"可能会覆盖"违法违规组织生产",这也是导致样本数据存在一定程度的多重共线性的重要原因。此外,高维的模型输入会对模型的分析能力带来阻碍,并增加模型的计算复杂度,降低运行效率。正因如此,在评价模型的构建之前对原始数据进行降维处理是必要的。

本章中分别使用 t-SNE 和 PCA 对原始数据进行降维处理,并对降维的结果进行详细的对比。由于随着数据量、数据维度的增大,数据的结构会急剧增大,经典的降维算法如 PCA、线性判别法等方法虽然算法相对简单、实现比较容易、运算速度快,但在对高维数据进行降维处理时难以还原数据中的真实信息,导致原始数据中的信息丢失。在煤矿事故致因要素多、样本数据量大的条件下,相比于其他降维算法,t-SNE 具有更强的数据降噪以及解决数据维度灾难的能力。但值得注意的是,在一些情况下以 PCA 为代表的传统的降维算法仍是不可替代的,由于 t-SNE 无法将数据降维至 2 维及 3 维以外的维度,同时在原始数据本征维度过高的情况也无法适用,在这种情况下,强制地使用 t-SNE 进行降维反而会导致数据重要信息的大量损失,因此,利用 PCA 对原始数据进行初步的降维处理,再采用 t-SNE 进行二次降维是一种可行的方案。

5.4 本章小结

本章以煤矿事故案例文本挖掘结果为基础,应用结构化的煤矿事故风险致因信息数据集完成了基于数据驱动的煤矿安全风险性评价方法的设计及模型构建。借助标准化、结构化的数据,以及机器学习强大的计算能力和自适应学习能力,并通过数据降维、算法优化等手段,实现了对煤矿安全风险性高精度、高效率的评价预测。同时,在风险性评价的过程中,充分考虑实际煤矿工业生产中对于风险动态评价的需求,从建模速度、预测精度、风险评价倾向性等方面综合选取最佳的评价模型,从而为煤矿安全风险性的动态评价及其应用落地提供了思路。主要研究内容及成果如下:

(1)针对煤矿事故风险致因要素多、监测数据量大的特点,以缓解数据维度灾难、减少数据噪声、提高评价模型性能为目的,引入 t-SNE 方法对原始数据进行降维处理,并通过与传统的 PCA 降维方法对比,验证其所具备的优越性。

（2）基于 ELM 方法构建安全风险性评价模型，同时，针对 ELM 方法随机化初始输入权重和隐层偏置的特点，为提高其泛化能力及稳定性，引入ACROA 进行模型激励函数、输入权重和隐层偏置的全局寻优。通过两者的结合，极大程度上兼顾了评级模型的准确性及性能。通过与 GA-ELM 评价结果对比，ACROA 相比 GA 更具优势。

（3）通过对应用 t-SNE 降维与未进行数据降维处理的两种风险性评价模型的对比，确定了 t-SNE 降维对于消除模型过拟合问题、提升模型性能具有良好的效果，其可对约 92.7％的测试案例进行正确的预测，这一结果对于煤矿安全风险评价的研究提供了一种创新可行的思路。

6

煤矿安全风险控制方案研究

煤矿事故致因要素多、机理复杂,这些原因包括了复杂的地质、环境条件,人员和管理的不安全状态,以及设备的安全隐患等诸多方面。虽然政府及煤矿企业对煤矿安全风险的防范工作日益重视,并不断加大煤矿安全投入,但为煤矿安全风险防控提供绝对充分的人财物力仍是不现实的,因为对整个煤矿工作环境进行全面且全天候的安全防控所需要的安全预算是难以估计的。正是由于这种原因,煤矿企业很难完全杜绝安全风险并规避可能遭受的损失。在这种条件下,让风险变得可知、可控成为当前阶段可行也必行的工作。本章在前文研究基础上,提出具体的基于风险识别与评价的煤矿安全风险控制方案,从而指导煤矿企业有效开展安全生产风险预控管理工作。

6.1 煤矿安全风险控制目标及流程

6.1.1 煤矿安全风险控制目标

基于风险动态评价的煤矿安全风险控制目标是通过现代信息技术与安全风险管理深度融合来实现影响安全生产关键风险因素的有效辨识和安全生产状态的有效评价,从而消除煤矿安全风险的不确定性,将单一系统、现场滞后的人治式粗放型安全风险防控向全系统、远程式、源头式的智慧型安全风险防控转变,最终实现将风险遏制于萌芽阶段,保障煤矿系统的安全。

在前文中,风险评价结果是以风险等级的形式进行表述的,因此基于风险动态评价后的煤矿安全状态变得可量化、可测量,且其发生的改变可以得到验证。在这一条件下,煤矿安全风险控制的目标便可以抽象为对风险评价等级的控制,通过合理的风险控制流程和控制方案的执行,使煤矿风险等级不断降低,直至达到可以被接受的程度。

6.1.2 煤矿安全风险控制流程

现有的煤矿企业安全风险防控大多以监测系统阈值超限报警为依据,通过监测部分单风险因素指标是否超限来验证防控过程的有效性。这一流程中,极少涉及管理、制度乃至外部监管力量等层面的因素,也忽略了各风险因素间的耦合关系,因此难以从风险产生的根源之处展开问题的纠正,也无法真正系统性地从事前角度来防控风险产生所可能带来的危害。基于数据挖掘、人工智能等新一代信息技术,煤矿安全风险因素及其复杂关联关系可以被有效挖掘识别,煤矿安全生产风险状态可以被有效评价,从而为智慧型安全风险控制方案提供理论和技术支撑。基于此,本书围绕基于 ACRO-ELM 的风险动态评价过程提出了以事前控制为目标的煤矿安全风险控制流程,如图 6-1 所示。

基于风险动态评价的风险控制流程不是围绕单一方法来设计的,而是结合了包括文本挖掘、关联规则挖掘、贝叶斯网络、机器学习在内的多种方法共同来实现从风险因素识别到风险评价再到风险控制的全流程。这一过程中,文本挖掘技术用于风险因素提取;关联规则挖掘和贝叶斯网络用于挖掘煤矿安全主要风险因素及其关联风险因素,在风险防控过程中其意义在于,在风险尚未产生、发展趋势尚未明确前,确定最可能导致煤矿安全事故发生的风险因素,从而从宏观角度指导初始的风险防控工作。最后,基于前面的风险因素识别结果,通过机器学习手段构建风险评价模型,并持续性地利用应用场景所收集的真实数据进行模型的学习优化,进一步持续、动态地对煤矿安全风险状态进行评价;以此为基础,通过逆向推理来识别风险产生过程中的因果链及关键环节,从而实现全方位的风险精准防控。

在图 6-1 所示的流程中,围绕风险动态评价,风险控制的核心是对风险因素的识别、风险状态的评价及高风险致因的推理,以此为基础采取有针对性的整改措施,实现风险严重程度的持续降低。当风险等级因此降低时,表明采取的整改措施切实有效,持续此流程直至风险消失为止;若风险等级没有改变,则表明整改措施未得到有效落实,抑或风险评价模型在当前场景下

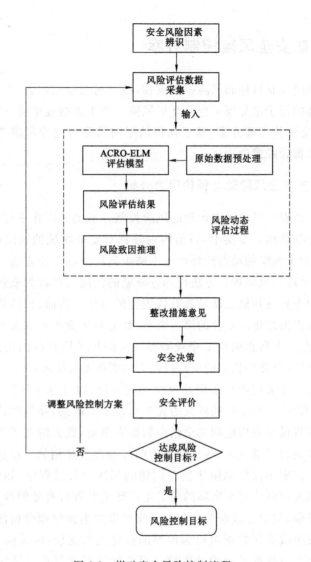

图 6-1　煤矿安全风险控制流程

的评价准确度存在不足,这些信息都将指导风险评价模型及风险整改措施进一步优化。相比于传统的风险控制流程,以事前控制为目标的煤矿安全风险控制流程能够更科学、系统地利用煤矿中涉及多个层面的生产、管理信息,从而充分地考虑风险因素间的相互影响在风险事前控制中的作用,以有效提高煤矿安全风险管理效果。

6.2 煤矿安全风险控制方案

根据风险控制目标和风险控制流程,结合前文研究内容,主要从三个方面提出具体的用于指导煤矿企业开展风险管理工作的煤矿安全风险控制方案:风险动态评价实施方案、基于评价结果的风险响应控制措施、煤矿主要风险因素防御管控措施。

6.2.1 煤矿安全风险动态评价阻力分析

围绕煤矿安全风险动态评价的风险控制方案的关键在于有效的风险动态评价方法的落地。事实上,目前国内外针对安全领域的风险评价研究已较为丰富,对于风险的动态性评价也不缺少高质量的理论方法,基于人工智能、大数据手段的风险预警方法在部分领域的使用已经较为成熟,例如网络安全领域的态势感知概念便是具有代表性的应用。然而,虽然防范风险、减少煤矿事故损失是煤矿企业的第一要务,政府与企业逐年加大安全投入,但基于人工智能、大数据的煤矿企业新型风险防控手段在我国仍长期停留于理论研究阶段,以此为核心的风险控制方案更是无从谈起。

传统的基于关键指标超限的风险预警方法,以及基于线性模型的风险评价方法的设计是基于过往研究的先验知识来完成的,相对的,基于智能算法的风险评价模型的构建则完全藉由数据来驱动,数据的真实性与完整性,乃至数据量是否足够充分,与风险评价的准确性直接相关。在这一过程中,对于数据的需求不仅仅局限于模型构建的训练学习过程中,如何将模型中所涉及的相关指标映射至实际的煤矿生产环境并进行有效的收集也是不可或缺的。目前,得益于政府及企业对于煤矿事故案例整理分析的重视,较为完整的历史事故案例数据可以为模型的构建提供支撑,所需面对的问题多集中于如何有效提取案例中的事故致因要素并对数据进行结构化处理,而这在本书中第 3 章的研究给出了可行的方案。但由于案例分析报告表述方式的特点,事故致因要素往往以非定量的方式进行阐述,而煤矿井下监测设备显然无法对诸如"安全监管不到位"等定性事故致因进行反馈,致使模型训练的输入与实际生产环境所能获得的数据产生差异,因此如何依据模型训练所使用的事故案例数据的口径进行有效的风险评价数据收集这一问题直接阻碍了智能风险评价模型的应用。另一方面,煤矿风险的事前控制是以对煤矿安全整体系统状态的评价为前提的,风险的源头往往源自一个整体系统的种种不安全状态,即便通过风险评价模型的反向推理确定了导致风险发生各项致因因素的概率,对这些问题的整改仍是一个全面而复杂的过程,如何采取合理的风险控制措施,对应急资源进行合理有效的调配,来实现风险防控也是风险评价在煤矿落地应用时必须考虑的问题。

6.2.2　风险动态评价实施方案

针对风险评价方法在煤矿企业实现真正落地应用,主要从下面三个方面提出了相应建议。

（1）定性指标定量化

对非定量的煤矿事故风险致因要素进行量化,收集煤矿生产环境的相关数据,是实现煤矿风险动态评价首先需要解决的问题。如前文所述,基于煤矿事故案例所提取的煤矿事故致因要素多为定性描述,这是由煤矿事故案例的表述特点以及事故成因分析的事后性所决定的,相应地,由于风险评价模型是基于事故案例所构建,为了使生产环境所收集数据与模型构建所应用的数据在结构与性质上保持一致性以确保模型的可用性,对生产数据的量化收集必须充分考虑事故案例的特点,也即遵循最坏估计这一原则。当一项风险致因要素存在与常态的差异时,即可认为该项致因要素已经出现,而无须进一步划分其严重程度,正如煤矿事故报告中的阐述方式,其事故原因只存在有无层面的差别,而不进行严重程度的细分,这可以在最大程度上避免对于风险的低估。遵循这一原则,定性的风险致因要素的量化将变得可行,例如,当监管部门在对煤矿企业进行考核查验时,若其对某一监管要点并未执行足够严格的监察,那么此项致因要素的监测值便应当记为1,也即发生。类似地,当企业的安全投入未满足政策要求最低标准时,该企业的所有风险评价区域都存在安全投入不足的异常;当井下风速在监测时间节点不满足通风标准时,通风能力不足此项风险致因的监测值将被置为1;当一个风险评价区域发生任意违章作业事件时,不考虑具体的违章类型,这一区域在一定时间窗口内违章作业这一事件都将被视为发生。

对于另一种情况,如安全素质差、设备装置不可靠等难以通过直接监测检查获得的数据,则采用间接途径对其监测值进行计算。对于安全素质差这一风险致因,通过安全培训考核结果来衡量。对于未能够在上一次安全培训考核中取得合格结果的矿工,当其进行井下作业时,其所在工作面对应的风险评价区域的安全素质差这一致因的监测值将被置为1,直至其结束作业。这一量化过程同样遵循最坏估计这一原则,即无论风险评价区域存在多少人员进行作业,只要存在安全培训考核不合格的矿工,该区域的此项因素即被视作存在异常。对于设备装置不可靠这一因素,其量化方式则因被评价煤矿的技术条件而改变。对于具备有效的装备运行状态监测条件的煤矿,这一因素可以通过设备运行故障状态直接反映,当存在非正常运行设备时,该要素监测值将被置为1,直至其恢复正常。而对于不具备此条件的煤矿,某设备装置的可靠程度需通过使用寿命来衡量:

$$R = (L_D - L_U)/L_D \tag{6-1}$$

式中:R 表示设备可靠性;L_D 为设备设计使用年限;L_U 为设备已使用年限。当 R 小于 0 时,表明设备已不再可靠。显而易见的,对于设备装置不可靠的前一种量化方式具备更好的准确性,因为设备的故障产生并不与其剩余使用寿命完全相关,后一种量化方式在一定程度上是针对技术落后条件的妥协。这也表明,煤矿监测数据收集手段应当与风险评价手段协同发展,否则单一方面技术的进步仍难以从根本上提升煤矿安全管理水平。类似地,诸如违规使用国家明令禁止的设备和工艺、地质情况未查清等风险致因要素也将通过相似的方法获取其监测值。

需要说明的是,在风险评价数据的量化直至收集过程中,部分数据的真实情况对于煤矿企业而言是偏向于进行隐瞒的,因此由相对客观的第三方评价机构或专家来介入数据评价收集过程是必要的。对于煤矿企业而言,能否正确认识风险动态评价的目的和意义,进而配合数据收集过程,同样是实现煤矿安全风险有效评价的重要一环。

(2)评价数据收集

完善的风险评价指标数据收集对于风险评价模型的评价预测效果具有最直接且显著的影响,相比于同为传统行业的建筑业等行业,煤矿领域安全事故的致因要素往往更为复杂。一方面,由于矿井深入地下、分支工作面众多,其数据收集难度非常大;另一方面,受限于井下工作者单次下井时间等因素,井下作业安全监测人员的充足程度也难以与其他地面作业行业相比较。而在这种背景下,由于风险动态评价对数据时效性的要求极高,又进一步增加了风险致因要素数据获取的难度。因此,单一的数据收集方式显然无法全面覆盖所有的风险致因要素,将多种数据收集方式结合以满足风险动态评价的需求是必不可少的。

确定数据的收集方式的前提是确定数据源的可收集频率以及不同数据的时效性，虽然风险动态评价对于数据的时效性具有极高的要求，但不同的风险致因要素数据的变化频率显然是不同的，因此不同类型的数据的时效性也是不同的。

目前，煤矿井下可通过监测传感器或井下物联网来获得的数据多为短时效性数据，即这些数据所反映的煤矿状态是不断发生变化的，监测所获得的数据仅在极短的时间窗口内具有参考价值，超过这一范围即成为无效数据。这类数据的时效性由数秒到数分钟不等，比较有代表性的是瓦斯浓度的监测值、风速风压的监测值、地应力的监测值等，这些数据一旦出现某种程度的异常，将立刻对煤矿安全风险状态带来最直接的影响，而随着这些参数的实时变化，此前数值所带来的风险状态的改变将再次发生改变。因此，这类数据必须通过具有实时监测能力的数据网络来获得，才能保证实时地反馈其状态。目前国内由于政策要求，不具备相关条件的煤矿基本已经整改完毕，因此，这一类型的数据往往是最容易收集的。

第二类数据时效性相对较长，数据有效周期多为数天至数月，相应地，其收集周期也较长，无须进行精确至秒级的数据监测。这类数据中比较有代表性的包括生产现场管理不到位、未履行盯守职责、违章作业等，这些数据所反映的情况一旦发生，所产生的影响将持续一段时间，而非仅仅影响异常出现后极短的时间窗口内的煤矿安全生产情况。例如生产现场管理不到位，这一风险致因要素通常不是在某一时间节点突然出现的，而是一个持续的过程，与此同时，其对煤矿安全状态产生影响的时间窗口也不会仅仅是这项因素被监测发现的时间节点，而是从现场管理这一要素活动开始，直至此项要素被发现整改后的一段时间内的持续过程。对于此类数据，目前煤矿企业采取的主流方式是通过人工巡检来发现整改，包括人员现场检查以及观看监控等方式，这对巡检人员提出了较高的要求。随着井下监测技术的进一步发展，结合人员定位技术，基于深度学习的人员动作识别系统可以极大程度上增强对此类风险要素的发现能力，从而为此类数据的高效准确收集提供支持。

除上述两类数据以外，煤矿安全风险致因要素当中包括一类用于反馈煤矿某一方面状态的因素，包括：安全监管计划制定不科学、违规使用国家明令禁止的设备和工艺、安全素质差、通风设备不达标等。这类数据变化频率更低，其作用时间往往长达数月乃至数年，直至对该项致因要素的调查分析再一次开始才会发生改变。收集此类数据常采用的方法主要为专家(管理人员)专项评价、煤矿工作人员问卷调查,以及对煤矿勘探记录等文件进行分析,与较长的时效性相对的,其收集难度较大及所需时间同样较长。因此,在煤矿开展风险动态评价前,为期数周乃至数月的数据评价及收集是必需的。

(3)评价方案部署

一方面,通常情况下,煤矿安全风险动态评价模型在实际生产环境的部署应用前便已经构建完毕,但不同地区、不同煤矿所处的地理条件、风土人情乃至政策法规都是不尽相同的,基于全国历史事故数据所构建的评价模型在具体煤矿中的适用性并不能得到完全的保障。依赖于机器学习手段的计算能力以及持续学习能力,在实际生产应用中,通过监测数据的持续收集来为风险评价模型的持续训练优化提供支撑,进一步持续增强模型与煤矿真实状态的契合度,从而提升其风险动态评价能力。

另一方面,虽然风险动态评价是从系统性的角度对一个整体进行风险性评价,但这个整体不应是一个完整的煤矿,而应当进行更为细致的划分。一个矿井通常包括多个工作面,不同工作面之间距离较远,难以对彼此产生显著的直接影响,若简单地将整个矿井作为单独的风险评价目标,会无法避免地导致对于风险状态的误报。因此,煤矿安全风险评价模型的部署应当建立在对煤矿区域科学划分的前提下,确保一个区域出现的致因要素数据异常并不会直接作用于其他区域。通过越精确、越细粒度的风险评价区域划分,将使得不同风险致因要素间的作用愈发明显,也势必使区域内的风险评价结果更为准确。最终,煤矿整体的风险等级应当反映所有区域中最差的风险情况,即当所有区域的最高风险等级确定后,煤矿整体的风险等级即为该数值。

6.2.3 基于评价结果的风险响应控制措施

依据实时的风险等级评价状况对煤矿采取有效的整改措施是风险防控的最有效手段。显然,在风险响应过程中,成熟的风险事前控制体系,以及有效的资源调配方案是风险控制能否有效的重要前提。

煤矿安全风险评价结果依据其可能带来的损失程度被划分为1至4个等级,分别对应一般风险、较大风险、重大风险、特重大风险。评价结果所对应的等级越高,表明在当前时间节点煤矿面临着越大的威胁。在实际的生产当中,连续的、包含小数的风险等级评价结果是不存在实际意义的,因此虽然模型输出结果为连续的数值,仍应将其离散化处理为整数型的等级。除风险等级小于1的情况外,离散化过程遵循四舍五入的基本原则,而对于评价结果小于1的情况,则可认为在这一评价周期内被评价煤矿并不存在显著的风险,因此煤矿企业也无须对风险防控及应急响应资源进行调配以展开相关的整改。针对风险事件,煤矿可以采取的响应行动包括:

(1) 分析风险信息,明确风险致因;

(2) 深度分析风险致因要素数据,并可采用建模分析的方式来确定其机理;

(3) 及时中断风险区域的作业,由应急响应单位消除风险;

(4) 依据事件进一步完善风险应急响应方案;

(5) 在后续生产中,对风险区域及该区域作业人员实施定期跟踪机制。

除风险响应措施的选择以外,确定合适的响应措施的深度与广度也是有效消减潜在风险的重要前提。限于有限的应急响应资源,过低的应急资源投入会无法有效控制风险,而过高的投入也势必会导致资源的浪费进而影响下一次的应急响应过程。因此,在明确风险等级之后,选择合理的响应策略并实现充分而不冗余的应急响应资源调配是风险评价的最终目的,对此,本书给出了相应的控制措施建议,如表6-1所示。

表 6-1　不同风险等级采取的控制措施

风险等级	控制措施
一般风险	① 分析风险产生原因,并通知相关班组前往现场排查整改风险致因要素。 ② 对风险区域以及风险整改过程进行持续监控,以保证整改措施有效执行
较大风险	① 分析风险产生原因,并通知相关班组前往现场进行风险致因要素排查整改,同时,相关的业务科室、区队也需要全面配合并制定面对事态恶化的预案。 ② 对于风险区域以及该区域的整改过程,监控的目的不仅要保证整改过程的有效性,还须尝试寻找其他可行的措施以尽最大努力降低风险,同时仍需要遵循成本-有效性原则
重大风险	① 分析风险产生原因,风险防控措施需要由分管负责人或更高级别的负责人来紧急制定,并分配尽可能多的资源采取紧急行动以降低风险,这一过程中,成本和有效性不再是被考虑的因素。 ② 应急响应全过程必须要由分管负责人全程跟踪,并预留充足的资源以应对所有可能发生的情况;同时,需要调配相关资源以应对后续可能出现的舆情问题

表 6-1(续)

风险等级	控制措施
特重大风险	① 分析风险产生原因,并由矿长亲自组织实施防控措施,保证有具体完整的工作方案,并不计代价地确保有充足的人员、技术、资金保障。 ② 只有当风险已经降低时,才能开始或继续生产工作,为降低风险不限成本;若即使投入无限的资源仍不能降低风险等级,则煤矿必须停产停工

在上述针对每一等级风险的响应及资源分配策略中,分析风险产生的详细原因始终是应急响应中最重要的一步。在针对任何等级风险的响应流程中,通过对若干个层面风险致因要素中的异常项进行深度分析以发现导致风险的原因所在,是风险得以被有效控制的前提。对于风险原因的确定,查看该事件节点的风险评价模型输入数据并定位其中的异常项是最直接的方法,但对于存在多个异常项的情况,难以判断各异常项的致因影响,而根据各异常项对风险影响的程度来以一定的优先级进行有侧重的排查整改,是有效消除风险并控制成本的重要方式。对此,通过敏感性分析来更深度地判断各风险致因异常项的优先级是一种可行的方法,公式如下:

$$S_i = \left| \frac{R - R_i}{R} \right| \tag{6-2}$$

其中:R 为某事件节点处不小于 1 的风险等级评价值;R_i 为将该评价结果所对应的第 i 个异常项置为 0 时,计算得到的新的风险等级评价值;S_i 为该风险致因异常项的敏感性计算结果。通过对各异常项敏感性计算结果进行排序,从而确定风险致因要素重要程度的估计值,对于提高风险应急响应效率、节约应急响应成本具有重要意义。

6.2.4 煤矿主要风险因素防御管控措施

基于主要风险因素识别的全局风控策略可以从宏观角度对风险的产生加以限制。因此除根据风险评价结果对煤矿安全状态进行实时控制以外,还应从影响煤矿安全生产的主要风险因素出发,通过控制包括监管部门、煤矿企业、现场管理、作业人员等多层面的风险因素,实现煤矿主要风险因素防御管控,切断风险传播路径,进而减少事故的发生。这一项系统性工程需要煤矿企业的全员参与,进行全过程治理。为此,本节结合第 4 章的煤矿安全主要风险因素识别结果,从以下四个层面探讨煤矿安全风险控制策略。

(1)监管部门层面控制策略

来自监管部门层面的监管力量是促使煤矿企业追求有效安全管理以及风险防控的最核心力量，在外部监管力量缺位的情况下，任由煤矿企业野蛮生长势必会导致其安全管理的失控。究其原因在于，监管部门的介入强迫煤矿企业的管理者让渡其部分利益给工人、民众乃至社会，若无来自于国家、政府的政策要求，煤矿企业纯粹作为盈利机构时，更少的风险控制成本投入符合其基本利益。因此，监管部门层面的力量是煤矿企业有效进行风险控制的原动力。

从煤矿事故致因角度来看，监管部门监管不到位是在这一层面对煤矿事故发生最大影响的因素，包括因技术不足、人员缺失导致的监管不充分，或是因监管人员个人问题如懈怠、疏忽导致的安全监管职责未被认真履行等情况。针对这些问题，首先需要保证的是配备充足的监管人员以及对落后的监管技术、设备的更新换代。监管人员的配置应当依据过往监管经验，结合煤矿企业监察频次、监察力度、监察范围等因素，对各煤矿监管工作所需消耗的人力进行估计，并以此为基础安排合理的检查计划。若在监察计划合理的前提下仍无法满足有效监管的人力需求，则应当扩大监管人员队伍。

同时，为保证监管人员监督检查工作的有效性，对监管人员进行考核与培训同样必不可少。对于监管人员的教育与考核不仅包括安全知识、安全意识在内的专业技能方面的内容，其思想状态如责任心、公正性、客观性等方面的指标同样具有至关重要的作用。

（2）煤矿企业层面控制策略

煤矿企业具有对煤矿的规划、发展的最高决策权，决定着煤矿各个方面的发展走向。煤矿企业通过制定生产计划、分配安全投入、决定人员聘用、完善制度建设等多种途径，从宏观的角度控制着煤矿在安全管理方面的投入以及安全文化氛围的建设，因此，这一层面往往是决定煤矿安全管理水平的最根源因素。然而，这一层面往往远离一线作业，对于煤矿实际生产过程中所存在的问题的认知有限或存在偏差，导致其难以对煤矿中存在的真实问题做出有效的反馈，由此为风险的产生埋下了伏笔。

从煤矿事故致因角度来看，煤矿企业层面对于事故发生的最主要影响在于其政策制定和落实方面的缺陷，具体表现在安全技术措施的制定和执行不严格，安全教育培训落实不充分，安全管理、专业技术人员配备不足乃至违法违规组织生产等方面。针对这些问题，首先要打通煤矿企业层面与一线作业人员的有效交流渠道,对于煤矿决策者,除煤矿基础信息外,一线工人的心理动向、政策执行情况等信息也是辅助有效安全决策的重要依据。煤矿企业可依托信息化技术,建立留言箱、矿长热线等通道,采取不记名方式收集一线人员的想法、建议,为信息的纵向传递提供支持。

同样地,丰富、准确的煤矿运行相关信息对于决策者制定合理有效的安全决策至关重要,这些信息包括但不局限于生产信息、安全态势、人员配置、培训教育等。煤矿企业层级需要建立起有效的制度和可靠的班底,对这些多源、异构的信息进行收集,并通过建立诸如信息管理平台等方式来随时查看这些数据。

（3）现场管理层面控制策略

从煤矿事故致因的角度来看,现场管理层面对于事故发生的主要影响因素集中表现在现场管理人员主观或非主观地导致煤矿安全相关规章制度无法被有效执行,如对隐患排查制度的落实、对带班下井制度的落实、对操作规程的落实及对真实数据资料编纂要求的落实不到位等。针对这些问题,首先要增强部门间协作,实现部门间信息共享。由于煤矿事故影响因素多、作用机理复杂,涉及煤矿生产中的多环节、多部门,通过实现部门间信息共享,不同部门间将形成良好的沟通反馈机制,除增强工作沟通外,也会促使部门间形成一定的纠错制约机制,当某现场管理人员的工作出现问题时,其他管理人员可对此进行及时的发现和纠错。需要指出的是,目前许多煤矿已经存在良好的信息化基础,但由于各子系统之间未能实现互联互通,部门间的信息交流渠道尚未打通,使得沟通隔阂仍然存在。对此,联通煤矿各个子系统,消除管理过程中的信息孤岛,以增强部门间的信息共享与协作,是实现煤矿安全风险高效网格化管理的重要途径。

（4）作业人员层面控制策略

作业人员是与风险产生关联最为紧密的一个层级,其包括班组长、普通矿工等煤矿基层人员。这一层级作为井下不安全行为的主体,既是煤矿安全风险管控的基层执行者,也往往是危险源的直接诱发者。虽然风险的产生多直接由这一层级的不安全行为所导致,但出于对自身安全的考虑,这些诱发风险的行为的产生通常并非出自行为主体的主观意愿,绝大多数情况下,这些不安全行为主体并未意识到自身的行为属于不安全行为,或者在意识到这一点的情况下仍认为这些行为不会导致严重的后果。因此,风险也往往伴随着这一层级的无知、疏忽或侥幸心理而产生。

从煤矿事故致因角度来看,作业人员层面的问题集中表现在安全意识、安全风险辨识能力的缺失上,以及由此导致的冒险作业、违章作业等。显然,充分的安全技能及意识培训,以及有效的安全考核机制对于减少因这些问题而导致的煤矿安全风险具有最直接的作用。安全培训的目的在于,提升受训者安全作业技能和意识的同时,提高员工对于风险尤其是敏感性风险的确认及感知能力,令其能够将作业中的安全确认当作一种习惯。因此,培训的内容不应仅局限于理论知识,对于实践操作的合规培训同样重要;同时,培训不能形式主义也不能走过场,培训应当严格与考核相结合,只有确保在培训的场合能够严格遵守所有的安全规范,人员才具有上岗作业的资格。值得注意的是,由于煤矿中广泛存在师徒式技能传授形式,当师傅在安全技能或安全意识上存在偏差时,势必会影响所带徒弟。因此,对于资历较深的员工长期以来形成的固化的错误经验,不能持有任何容忍姑息的态度,在培训考核过程中若有发现,需要对其进行严格纠正。

6.2.5 煤矿安全风险管控平台设计

6.2.5.1 总体要求

为了实现基于风险识别与评价的煤矿安全风险管控过程的自动化、可视化、智能化,本书设计了基于物联网的煤矿安全风险管控平台。该平台利用矿井物联网所提供的监测数据及云平台的计算存储能力优势,通过前文所提出的煤矿安全风险评估方法,来实现风险超前感知的目的。同时,通过煤矿安全风险评价等级及可视化展示,为煤矿管理者提供直观了解矿井安全状态的平台,以为煤矿安全风险防控的决策和部署提供支持。

6.2.5.2 平台框架

煤矿安全风险管控平台的目的是,以数据的收集和处理为起点,基于对煤矿安全风险的分析预测,为使用者提供全流程的风险管控辅助服务。平台架构分为 5 个层次,依次为数据感知层、数据存储层、数据驱动层、应用逻辑层以及用户层。平台为不同权限等级的使用者提供个性化的功能服务,除具有最高权限的后台管理者以外,使用者类型还包括普通矿工、班组长、技术负责人等,同时平台支持不同使用者权限的定制。平台层次架构如图6-2 所示。

(1)数据感知层

数据感知层接入煤矿自动监测、人工录入、终端控制等信息,典型的信

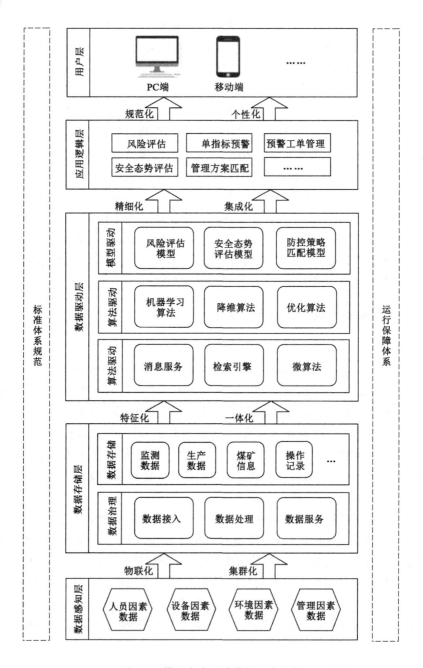

图 6-2 煤矿安全风险管控平台架构

息包括环境监控信息、设备设施监控信息、人员定位监控信息、管理监控信息等，以实现煤矿安全监测数据的全方位采集和传输。此外，该层为物联网平台提供接口，支持物联网集成数据的直接上传。

（2）数据存储层

数据存储层为煤矿安全风险管控平台的综合数据仓库，该层次为平台提供统一、安全、可靠而全面的信息存储服务。数据存储层除可对煤矿监测数据、生产综合数据进行备份以外，也可存储实时反馈的煤矿安全风险评估数据。

（3）数据驱动层

数据驱动层用以抽取煤矿各类安全风险的影响因素特征，并建立风险特征属性集数据库及其索引，为平台使用者提供数据的检索服务。此外，该层次将能够建立煤矿各类安全风险评估模型，为使用者提供模块化的安全风险评估逻辑。

（4）应用逻辑层

应用逻辑层以煤矿安全监测数据为支撑，利用风险评估模型对煤矿进行风险评估。同时，该层次针对风险评估结果自动匹配风险管控方案，以为平台使用者角色提供决策支持。此外，作为煤矿安全风险防控手段的补充，该层次也集成了单指标超限预警功能。

（5）用户层

用户层包括移动工作平台、预警通知、信息发布等业务系统，为煤矿各部门及社会公众提供了模块化的系统应用接口。

6.2.5.3　功能模块设计

基于物联网的煤矿安全风险管控平台包括 6 个功能模块，分别为：数据管理模块、后台管理模块、作业管理模块、风险预警模块、信息通知模块、用户交互模块，如图 6-3 所示。

（1）数据管理模块

平台进行风险评估及预警所需的数据，通过煤矿各信息系统数据接口上传至平台数据仓库中。同时，对于具备物联网集成信息平台建设条件的煤矿，煤矿安全风险管控平台可直接与物联网信息平台进行数据交互，以进行数据实时、安全的下载与上传。本模块基于煤矿信息系统或物联网信息平台所提供的数据接口，完成对煤矿监测数据、生产数据等的下载，以及对风险评估数据、风险预警数据的上传，通过平台该模块实现煤矿安全、生产数据的集约化、网络化远程管理。该功能模块具体包括以下应用：

① 数据获取及处理

平台数据管理模块具有通过各类系统平台所提供的数据接口下载获取目标煤矿的风险影响因素监测数据，并将其转化为评估及预测模型所需的格式及数据类型的能力，以为煤矿安全风险的评价及预警提供数据支持。为保障煤矿安全生产，尤其是在物联网建设的条件下，煤矿每时每刻都在产生海量的监测数据，因此本模块除具有数据收集的功能外，还具备海量数据处理及存储的能力。其中，煤矿安全监测数据包括煤矿编号、监测点坐标、监测数据类型、监测值、监测时间等属性。

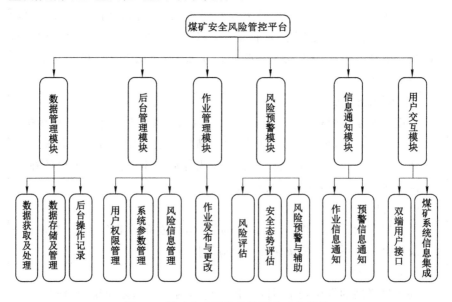

图 6-3 煤矿安全风险管控平台功能模块

② 数据管理及存储

数据管理模块针对各类数据建立对应的数据仓库，除将煤矿安全监测信息备份于平台外，还构建了煤矿风险评估信息数据库、风险预警信息数据库，将煤矿风险信息、单项监测指标超限信息等存储于本地加以管理。其中，风险评估信息数据库包括评估时间、风险类型、风险概率、区域信息、安全态势值等字段，同时也包括评估信息编号以用于此次评估对应监测属性的索引；风险预警信息数据库包括预警编号、预警区域编号、预警时间、风险状态、负责人等属性。平台除存储用于风险评估及预警的风险影响因素监测数据以外,还会对煤矿的基本信息、生产监测信息以及安全管理、人员配置信息等进行信息备份,以方便煤矿信息的集约化管理。

此外,为提高全国煤矿整体安全水平,需要对全国各地的煤矿的事故、风险及其产生原因进行分析总结,因此平台数据管理模块具备对各个应用煤矿安全风险评估及预警数据进行汇总分析的能力。平台通过收集汇总各个应用煤矿的风险评估及预警数据,基于数据挖掘技术对其中隐含信息进行挖掘,从而进一步从数据角度探究各类风险致因机理,使风险评估模型不断完善的同时,为使用者提供煤矿管理决策数据支持。

③ 后台操作记录

数据管理模块同时对所有系统操作进行记录并建立相应的数据库,包括预警信息变动记录、作业发布记录、作业状态更改记录、系统参数变动记录及风险信息变动记录等。

(2) 后台管理模块

煤矿安全风险管控平台具备针对不同类型的使用者定制对应的平台操作权限的功能。平台管理员,通常情况下由平台提供方的系统管理者来担任,具备最高的操作权限,可以对平台各项参数进行更改。平台管理员也可进一步设定煤矿子平台管理员、技术负责人、班组长、一般矿工等身份权限,同时各煤矿子平台管理员也可自行对煤矿成员的身份及权限进行修改,以保证平台适应相应煤矿的特有状况,最大化发挥平台的风险管控能力。

此外,后台管理模块还要具备平台系统参数管理、煤矿风险评估及预警方面相关信息管理等功能,并对后台管理模块的一切操作进行记录,以方便日后开展审计工作。该功能模块具体包括以下应用:

① 用户权限管理

后台管理模块允许对使用者进行管理,包括使用者的注册、注销、联系方式、用户权限、用户信息维护等内容的管理。如前文所述,该模块为不同用户设定了相应的平台操作及浏览权限,对于权限不足的用户,将隐藏权限以外内容的操作页面。

② 系统参数管理

后台管理模块为平台各类运行参数的调整提供了便捷的用户接口,平台管理者可直接在操作页面对系统相关参数进行调整修正,具体包括冗余数据清理时间、数据平台接口参数、本地数据库连接参数等。

③ 风险信息管理

后台管理模块同时为煤矿风险评估的定制化提供了支持,通过该模块可以对煤矿风险评估、预警等过程所涉及的内容进行调整,具体包括煤矿风险评估区域管理、风险评估属性管理、风险预警阈值管理、风险评估模型参数管理等。

a. 煤矿风险评估区域管理

为准确定位风险所在位置,并提高风险评估可靠性,需要将煤矿划分为若干区域,并以区域为单位对煤矿安全风险进行评估和管理。每个单位区域的信息除基本的编号、坐标、负责人信息外,还包括各区域的状态属性,例如正常、整改、废弃等状态。煤矿风险评估区域管理功能为各区域设定区域安全、技术负责人,各负责人需在平台中进行身份注册并录入联系方式,当一个单位区域出现风险预警时,平台将藉由信息通知模块实时通知该区域相关负责人,以对风险做出迅速响应。

b. 风险评估属性管理

风险评估属性管理即对风险多级影响因素列表的管理,风险影响因素的确定及划分是风险评估和预警的重中之重,是影响风险评估过程可靠与否的关键。此模块支持各风险的贝叶斯网络结构与节点条件概率的人工调整,此外也支持风险影响因素的补充与多级影响因素间的关联调整。

贝叶斯网络的结构自学习和参数自学习:本模块支持通过导入的数据进行贝叶斯网络结构和参数的自动学习,同时,也支持随时可进行的结构与参数再次学习。

贝叶斯网络的结构与参数调整:对于贝叶斯网络自学习数据不足或不完整的情况,以及需要针对自学习所获得的网络结构及条件概率进行调整时,通过此模块可将专家经验用于网络的修正。这一部分支持对网络拓扑结构中节点的增删、节点间因果关系的修改,以及节点条件概率表的修正。

c. 风险预警阈值管理

当风险出现时,需要对其进行预警,为防止风险的频繁误报,通过此模块可以人为设定风险的报警等级,以及不同等级风险等级所对应的负责人级别。通过这种方式,实现风险严重程度与采取防控行动的管理者的级别相匹配。

d. 风险评估模型参数管理

在风险评估模型的构建和应用中,有众多参数需要人为设定,这一模块为这些参数的调整提供了直观的用户接口。

（3）作业管理模块

煤矿井下工作环境中经常需要进行井下作业，部分类型的煤矿井下作业可能会影响煤矿监测传感器的监测结果，如动火作业会影响火源监测器的监测结果，从而发生误报警，浪费风险应急资源。此外，矿井部分矿区可能暂时或永久关闭，继续对其进行安全态势预测和风险监测同样会浪费资源。作业管理模块通过相关管理人员的操作，增加、改变煤矿作业信息将煤矿特殊井下作业信息汇总于此模块页面，以协调矿区负责人、风险评估预警模块、监测传感器以及作业人员，有助于顺利开展井下作业，并避免风险误报产生的恐慌及资源浪费。

当矿井内某一区域需要进行特殊作业时，作业负责人通过本模块创建作业信息，并记录于风险管控平台中。作业信息创建成功后，平台会通过信息通知模块通知相应区域的负责人，以协调作业人员的工作。当作业完成后，作业负责人须在本模块更改区域作业状态。

（4）风险预警模块

风险预警模块为煤矿安全风险管控平台的核心，它利用风险评估模型对未来一段时间内煤矿中的各种风险状态进行实时评估，并根据其影响范围、风险等级等信息计算该风险的安全态势值。风险概率和安全态势值的计算结果通过波形图在用户交互页面上展示出来。同时，当存在处于预警范围内的风险时，风险预警模块会向信息通知模块发出预警请求，在该模块的协同作用下完成险情的预报。

① 风险评估及预警

现有的煤矿安全监控和报警系统核心思想在于当风险处于产生的临界点或已经产生时，通过实时的数据监控和报警功能及时发现并控制风险，避免风险及其造成的损失扩大。区别于此，风险管控平台风险预警模块的目的是，在煤矿进入风险状态之前，对影响煤矿风险的主要因素的变化趋势进行分析预测，在对未来时间节点这些数据预测结果的基础上评估该节点风险产生的可能性。其核心是，在风险产生前预测风险的到来并提前识别风险、消除风险，而非在风险即将产生或已经产生时消除风险带来的损失。本模块依托于数据管理模块所提供的数据，基于前文所提出的风险评估模型对煤矿安全风险进行评估，同时对于风险评估的结果，根据后台管理模块中风险预警阈值的设定值，进行依据风险等级的风险预警通知。

此外，为了满足煤矿对单项指标监测的需求，本模块同样配置了单一指标超限报警的功能。当单一指标已达报警阈值而风险评估结果尚未达到预警阈值时,此模块仍会生成相应的预警信息,并通知其所在区域的负责人进行处理。由于风险评估模型中将风险评估的节点进行了提前,因此在风险评估模型的评估过程中实际上会对单一指标的超限情况进行预测。平台管理者可以通过更改后台管理模块的配置,使单一指标的预测值达到报警阈值而且监测值尚未达到报警阈值时,生成预警信息并提交给信息通知模块。

② 安全态势评估

安全态势反映了某一时间、空间内一种风险对煤矿整体安全状态的影响程度,同时考虑了风险评估结果与风险可能的影响范围。为了从系统角度、从风险角度全面掌握煤矿整体安全情况的变化趋势,以风险评估为基础,对煤矿中潜在的各类风险进行预控以在风险出现前有针对性地投入资源,消灭风险于未然之中,需要对煤矿各类风险的安全态势进行评估。此模块以各类煤矿安全风险为单位,依次计算煤矿整体的此类风险安全态势值,并将时间序列的安全态势记录绘制为各风险的安全态势走向图,用以直观地为平台使用者、煤矿管理者展示煤矿整体安全状态的演化趋势。

由于各风险安全态势的计算是在对各风险的评估基础上完成的,当风险安全态势值处于较高状态时,平台应当已完成相关风险的预警。因此,安全态势评估过程中不对风险进行二次预警,而是根据态势评估结果为使用者自动匹配建议的风险管控方案。风险防控方案由平台管理者事先在平台数据仓库中录入,同时也支持在平台使用中不断丰富方案库。平台采用KM算法进行风险防控方案的匹配。

(5)信息通知模块

为实现对煤矿风险预控、规避,信息通知模块在风险预警模块完成风险识别、进行风险预警后,实时接收风险预警通知请求,并对风险产生区域的煤矿相关负责人进行通知,以令负责人及时发现问题并处理危险源,解除风险状态。同时,为了协调煤矿工作,避免井下作业冲突,当作业队伍开展作业时,可通过平台移动端上传作业信息,信息通知模块将实时通知作业区域相关的负责人,以催促其展开协调工作,避免因工作人员冲突导致的煤矿风险状态。为避免通知信息被忽略,该模块采用多种通知方式相结合的手段,除平台移动端自有的信息通知功能以外,还会通过微信、短信消息等方式协同对区域负责人进行通知,以最大化保证通知信息的时效性。

(6)用户交互模块

　　信息可视化模块是系统与使用者交互的接口,将煤矿管理者在煤矿生产管理中所需要的各种信息规范化、个性化地展现。平台所需要可视化展现的信息包括:煤矿安全风险评估结果、煤矿安全态势评估结果、煤矿安全风险预警信息、作业信息、系统管理信息等内容。出于对平台移动操作的要求,除 PC 端网页以外,平台也需逐步开发移动端的应用。

6.3　本章小结

　　本章基于煤矿安全风险控制目的的及流程,讨论了提出的风险评价方法如何在煤矿企业中落地实施方案,并提出了基于评价结果的风险响应控制措施。同时,基于识别出的影响煤矿安全生产的主要风险因素,从宏观角度提出风险防御管控措施,设计了煤矿安全风险管控平台,为煤矿安全风险管理工作提供了思路。

7

结论与展望

　　本书以煤矿安全生产风险为主要研究对象,围绕当前煤矿安全风险管理存在的事故数据利用不足、风险因素相互作用关系不明确、风险识别与评价研究过度依赖专家经验和主观判断、现代信息技术在当前煤矿风险识别、评价与处置方面研究利用不足等主要问题,结合文本挖掘、关联规则分析、贝叶斯网络、t-SNE 降维算法、极限学习机等现代信息技术手段,对煤炭开采过程中的安全生产风险因素识别和风险动态评价等内容进行了深入研究,旨在提供一种有效防范煤矿安全风险的方法,提高安全生产水平。本书主要研究结论、研究创新以及研究展望如下。

7.1　研究结论

　　本书以我国历年煤矿事故案例报告的收集为起点,以高效识别高度非结构化、非标准化案例中煤矿事故风险致因信息数据为目的,对传统文本挖掘技术进行优化,实现案例文本中事故风险因素的有效识别以及结构化风险基本信息数据的转化。以此为基础,结合应用关联规则挖掘与贝叶斯网络技术,分析影响煤矿事故发生的主要风险因素及其复杂相互作用机理。同时,为实现煤矿风险的有效防控,提出了基于 t-SNE、ACROA、ELM 相结合的煤矿风险安全评价模型,并围绕此对风险动态评价条件下的煤矿安全风险管控策略的落实进行了讨论。本书主要结论如下:

　　(1)煤矿事故案例报告是研究煤矿事故成因、分析事故发生机理的重要数据来源,但受限于不同报告表述方式差异所带来的高度非结构化、非标准化特点,全面而高效地提取其中有价值的信息极为困难。基于文中提出的改进流程的文本挖掘方法,通过中文分词、关键词提取、关键词相关词语挖掘、相关词语语义分析和事故风险因素成分聚合关键步骤,煤矿事故案例报告中隐含的风险致因信息得以被全面地提取和准确地归并,从而极大程度上解决了事故致因文本挖掘中信息提取不全、词库构建复杂、冗余相近表述等问题。最终,将通过事故案例挖掘得到的 78 个影响煤矿安全生产的风险因素从监管部门、煤矿企业、现场管理、作业人员、环境与设备 5 个层面进行了分类,进一步在此基础上,根据挖掘结果构建了煤矿事故风险致因布尔数据集,为后续研究提供理论基础和数据支撑。

(2)将关联规则挖掘与贝叶斯网络相结合,利用煤矿事故数据,对煤矿安全风险因素重要性与关联性进行了深入分析。通过 Apriori 算法挖掘得到的 331 条煤矿安全风险因素强关联规则,得到对煤矿安全事故发生有重要影响的高频风险因素以及各风险因素之间的显著关联关系,为贝叶斯网络结构学习提供了知识基础。以此为基础,结合专家先验知识和结构学习完成了包括 30 个事故关键风险致因节点的贝叶斯网络结构的构建和调优。最后通过统计频率分析、网络敏感性分析、事故关键路径分析等手段,明确了导致煤矿事故发生的 6 个主要风险因素及其关联风险因素集,发现来自于监管部门、煤矿企业以及现场管理层面的因素与事故的发生具有最显著的关联,为有针对性地进行煤矿主要风险因素及其关联风险因素集的联合防御管控、提高风险防控效率提供了依据。

(3)以实现煤矿安全风险动态评价为目的,以事故数据为驱动构建了基于 ACROA 优化 ELM 的煤矿安全风险评价模型,并引入 t-SNE 高维数据降维方法以消除原始数据复杂度来提高模型评价性能。通过分析模型在建模速度、预测精度、风险评价倾向性等方面的表现表明,相比于未引入降维过程、以及使用传统的 PCA 降维的风险评价模型,基于 t-SNE 降维的 ACROA-ELM评价模型可以更高效地对风险等级进行预测,其准确率可至 92.7%,同时节省了约 60% 的时间成本,同时与 GA-ELM 评价结果对比,ACROA 相比 GA 也更具优势。该模型的构建提供了处理复杂的高维数据的有效方法,也证明了维数降低模型与机器学习算法的组合可以有效地应用于风险评价。

(4)以通过现代信息技术消除煤矿安全风险的不确定性,实现将风险遏制于萌芽阶段为目的,分析了实际场景中提出的风险评价方法落地应用的困难所在,提出了遵循最坏估计原则的风险评价指标量化手段,以及包括指标收集和方案部署的风险评价实施方案、基于评价结果的风险响应控制措施、煤矿主要风险因素防御管控措施和煤矿安全风险管控平台设计四个方面的基于风险识别与评价的风险控制方案,为煤矿安全风险管理工作有效开展提供了思路。

综上,本书从对煤矿事故案例中风险信息提取出发,致力于基于数据驱动的煤矿安全风险因素识别分析以及风险动态评价下的煤矿风险管控方案研究,为提高煤矿企业风险感知能力、安全管理效率提供理论及方法支撑。

7.2 研究创新

(1)引入改进文本挖掘技术实现对大量非结构化、非标准化煤矿事故案例中隐含风险因素的有效挖掘,进而将高度非结构化案例文本数据量化表达为结构化事故风险基本信息数据,为基于数据驱动的煤矿安全风险因素识别提供了方法支持,也为基于事故数据的风险分析与评价提供了数据支持,充分利用了历史事故的理论和实践价值。

(2)以事故数据为基础,结合关联规则挖掘与贝叶斯网络方法,构建了基于煤矿安全风险因素关联规则的煤矿事故贝叶斯网络模型,基于该模型确定了影响煤矿安全生产的主要风险因素及其关联风险因素集,从而为有针对性地进行煤矿风险因素联合防御管控,切断风险传播路径提供理论依据,也为安全风险因素内部复杂交互机制研究提供了新的视角。

(3)采用多方法集成应用构建了数据驱动型的基于 t-SNE 和 ACRO-ELM 相结合的煤矿安全风险评价模型,提高了风险评价精度、节省了评价时间成本,同时提供了处理复杂高维数据的有效方法,解决了由于存在的大量事故属性特征而导致的煤矿安全风险评价建模难度较大的难题,为挖掘大量繁杂数据背后的事故发生规律奠定基础。

(4)将现代信息技术与煤矿安全风险管理进行了深度融合,充分运用人工智能技术挖掘利用非结构化煤矿安全生产数据背后的规律和知识,为煤矿安全风险分析提供了一种新的思路和方法框架,丰富了煤矿安全风险管理理论与方法。

7.3　研究展望

本书对煤矿安全风险因素挖掘识别与分析—风险评价—风险控制方案的全流程进行了系统性的研究,为煤矿安全管理水平的提升提供了重要思路。但不可避免地,本书的研究中仍存在诸多不足之处,进一步的研究具有重要的意义。

(1) 首先,文本挖掘技术在煤矿安全领域的应用尚处于探索阶段,是一个十分复杂且具有挑战性的研究,本书提出的改进的文本挖掘在挖掘提取煤矿安全风险因素时因为存在词库型自然语言处理技术在未登录词识别方面的能力较弱等问题也难免会存在遗漏一些潜在风险因素,因此需要在此基础上不断优化完善,为识别更全面的煤矿安全风险因素做进一步研究。其中优秀的分词词典是对文本中有价值信息进行准确提取的前提,煤矿安全事故分词词典也需要得到不断完善。

(2) 为了更有效地利用大量非结构化事故报告挖掘复杂系统中潜在风险因素及风险发生规律,除了进一步优化数据挖掘的使用以外,建立通用的事故报告编纂标准也是十分必要的。

(3) 不同的智能算法在一定的条件下都可以获得其他方法无法相比的优势。针对煤矿实际生产中对于风险动态评价的需求与特点,分析不同算法的适用性,进而不断探索具有最佳使用价值的方法组合,对于提高风险评价能力、推进风险动态评价落地具有重要的意义。

附　录

2010—2019 年我国煤矿事故不完全统计情况

序号	时间	省份	类型	死亡	等级
1	2010-06-21	河南	自燃爆炸	49	特重大
2	2012-08-29	四川	瓦斯爆炸	48	特重大
3	2010-03-31	河南	煤与瓦斯突出	44	特重大
4	2011-11-10	云南	煤与瓦斯突出	43	特重大
5	2010-03-28	山西	透水	38	特重大
6	2010-10-16	河南	煤与瓦斯突出	37	特重大
7	2013-03-29	吉林	瓦斯爆炸	36	特重大
8	2010-01-05	湖南	火灾	34	特重大
9	2016-10-31	重庆	瓦斯爆炸	33	特重大
10	2016-12-03	内蒙古	瓦斯爆炸	32	特重大
11	2010-03-01	内蒙古	透水	32	特重大
12	2011-10-29	湖南	瓦斯爆炸	29	重大
13	2012-03-22	吉林	瓦斯爆炸	22	重大
14	2019-01-12	陕西	煤层爆炸	21	重大
15	2018-10-20	山东	冲击地压	21	重大
16	2019-12-26	山西	煤与瓦斯突出	16	重大
17	2019-11-18	山西	瓦斯爆炸	15	重大
18	2019-08-06	贵州	煤与瓦斯突出	13	重大
19	2012-04-06	吉林	水害	12	重大

序号	时间	省份	类型	死亡	等级
20	2012-04-13	黑龙江	水害	11	重大
21	2014-11-26	山东	煤尘爆炸	29	重大
22	2016-05-10	四川	瓦斯爆炸	28	重大
23	2015-11-17	辽宁	煤尘爆炸燃烧	28	重大
24	2013-05-11	山西	瓦斯爆炸	28	重大
25	2014-08-19	内蒙古	瓦斯爆炸	27	重大
26	2014-05-25	安徽	瓦斯爆炸	27	重大
27	2013-03-12	吉林	煤与瓦斯突出	25	重大
28	2017-05-07	贵州	煤与瓦斯突出	25	重大
29	2010-02-22	四川	火灾	23	重大
30	2012-11-24	贵州	煤与瓦斯突出	23	重大
31	2014-06-03	贵州	瓦斯爆炸	22	重大
32	2013-12-31	吉林	瓦斯爆炸	22	重大
33	2019-01-01	重庆	瓦斯爆炸	22	重大
34	2018-01-09	云南	水害	22	重大
35	2017-04-08	内蒙古	运输	22	重大
36	2016-08-17	黑龙江	瓦斯爆炸	22	重大
37	2013-07-31	黑龙江	火灾	22	重大
38	2012-03-22	山西	瓦斯爆炸	22	重大
39	2019-01-12	山东	煤尘爆炸	21	重大
40	2016-08-07	陕西	冒顶片帮	21	重大
41	2016-04-24	新疆	瓦斯爆炸	21	重大
42	2014-11-27	山西	透水	21	重大
43	2013-07-26	山东	冲击地压	21	重大
44	2013-05-03	山东	冲击地压	21	重大
45	2014-06-11	宁夏	瓦斯爆炸	20	重大
46	2014-05-19	山西	爆炸	20	重大
47	2012-08-13	山东	瓦斯爆炸	20	重大
48	2013-12-22	黑龙江	瓦斯爆炸	19	重大
49	2019-12-29	吉林	瓦斯爆炸	18	重大

序号	时间	省份	类型	死亡	等级
50	2017-11-06	黑龙江	水害	18	重大
51	2014-05-14	湖南	中毒窒息	18	重大
52	2010-10-20	新疆	瓦斯爆炸	17	较大
53	2010-09-21	黑龙江	火灾	17	重大
54	2016-04-25	辽宁	火灾	17	重大
55	2013-10-21	吉林	瓦斯爆炸	17	重大
56	2010-06-04	重庆	火灾	16	重大
57	2016-11-22	贵州	煤与瓦斯突出	16	重大
58	2016-04-22	新疆	顶板	16	重大
59	2016-04-11	黑龙江	透水	16	重大
60	2015-04-18	山西	瓦斯	15	重大
61	2018-04-22	云南	瓦斯爆炸	14	重大
62	2019-01-08	贵州	中毒窒息	13	重大
63	2018-10-24	贵州	煤与瓦斯突出	13	重大
64	2018-09-14	陕西	冒顶片帮	13	重大
65	2017-11-18	河南	煤与瓦斯突出	13	重大
66	2015-03-11	贵州	煤与瓦斯突出	13	重大
67	2014-09-07	贵州	煤与瓦斯突出	13	重大
68	2014-07-30	贵州	煤与瓦斯突出	13	重大
69	2013-01-12	湖南	透水	13	重大
70	2019-01-17	河北	火灾	12	重大
71	2017-09-14	黑龙江	中毒窒息	12	重大
72	2016-11-22	吉林	煤与瓦斯突出	12	重大
73	2016-10-07	河南	煤与瓦斯突出	12	重大
74	2015-01-19	贵州	瓦斯爆炸	12	重大
75	2010-08-16	陕西	透水	11	重大
76	2010-04-14	湖北	煤与瓦斯突出	11	重大
77	2017-07-29	陕西	机电	11	重大
78	2015-04-25	江西	煤与瓦斯突出	11	重大
79	2014-03-12	贵州	瓦斯爆炸	11	重大

序号	时间	省份	类型	死亡	等级
80	2010-11-22	湖南	瓦斯	10	重大
81	2019-10-25	新疆	顶板	10	重大
82	2019-07-22	贵州	煤与瓦斯突出	10	重大
83	2019-04-18	贵州	煤与瓦斯突出	10	重大
84	2019-01-19	湖南	瓦斯爆炸	10	重大
85	2018-03-05	辽宁	冲击地压	10	重大
86	2016-11-09	山东	透水	10	重大
87	2015-10-22	江西	瓦斯爆炸	10	重大
88	2015-01-18	山西	透水	10	重大
89	2014-10-30	吉林	火灾	10	重大
90	2014-07-05	黑龙江	瓦斯	10	重大
91	2013-12-02	陕西	火灾	10	重大
92	2019-07-27	新疆	顶板	9	较大
93	2019-04-23	湖南	透水	9	较大
94	2019-03-11	山西	顶板	9	较大
95	2018-04-10	福建	中毒窒息	9	较大
96	2016-03-23	吉林	顶板	9	较大
97	2016-02-17	山西	山体滑坡	9	较大
98	2015-09-22	黑龙江	瓦斯	9	较大
99	2014-03-24	云南	煤与瓦斯突出	9	较大
100	2013-07-19	黑龙江	水害	9	较大
101	2013-04-20	云南	中毒窒息	9	较大
102	2010-11-10	黑龙江	顶板	8	较大
103	2010-09-28	陕西	瓦斯突出	8	较大
104	2019-10-15	贵州	瓦斯突出	8	较大
105	2019-05-28	湖南	煤与瓦斯突出	8	较大
106	2019-03-26	云南	瓦斯爆炸	8	较大
107	2018-03-27	河北	中毒窒息	8	较大
108	2014-07-11	辽宁	冲击地压	8	较大
109	2014-01-04	山东	透水	8	较大

续表

序号	时间	省份	类型	死亡	等级
110	2013-05-11	四川	瓦斯爆炸	8	较大
111	2013-01-22	湖南	煤与瓦斯突出	8	较大
112	2010-04-28	河南	顶板	7	较大
113	2010-04-27	贵州	瓦斯	7	较大
114	2019-12-31	内蒙古	火灾	7	较大
115	2019-07-28	山西	中毒窒息	7	较大
116	2018-03-05	贵州	煤与瓦斯突出	7	较大
117	2018-01-26	陕西	煤与瓦斯突出	7	较大
118	2018-01-20	山西	透水	7	较大
119	2018-01-06	江西	坍塌	7	较大
120	2016-12-12	贵州	煤与瓦斯突出	7	较大
121	2016-11-03	河北	火灾	7	较大
122	2016-07-03	贵州	顶板	7	较大
123	2016-05-10	河南	透水	7	较大
124	2016-03-01	重庆	运输	7	较大
125	2016-02-14	四川	运输	7	较大
126	2015-12-26	贵州	瓦斯爆炸	7	较大
127	2015-07-09	贵州	煤与瓦斯突出	7	较大
128	2015-05-21	贵州	透水	7	较大
129	2015-04-29	湖南	煤与瓦斯突出	7	较大
130	2015-04-25	贵州	透水	7	较大
131	2015-02-03	山西	瓦斯爆炸	7	较大
132	2013-10-25	四川	瓦斯爆炸	7	较大
133	2013-09-30	贵州	瓦斯爆炸	7	
134	2013-08-01	河北	冲击地压	7	
135	2013-07-24	贵州	瓦斯爆炸	7	
136	2013-04-12	安徽	突水	7	
137	2013-01-15	江西	透水	7	
138	2019-11-15	湖北	坍塌	6	
139	2019-09-28	湖南	透水	6	

序号	时间	省份	类型	死亡	等级
140	2019-05-15	山西	运输	6	
141	2018-10-01	河南	冲击地压	6	
142	2016-09-27	黑龙江	透水	6	
143	2016-04-29	贵州	瓦斯爆炸	6	
144	2016-04-13	江西	瓦斯爆炸	6	
145	2016-03-07	西藏	运输	6	
146	2015-12-30	陕西	水灾	6	
147	2015-10-16	四川	顶板	6	
148	2015-05-30	陕西	瓦斯爆炸	6	
149	2015-04-25	山西	水灾	6	
150	2014-11-04	贵州	煤与瓦斯突出	6	
151	2014-10-24	云南	瓦斯爆炸	6	
152	2014-07-15	贵州	透水	6	
153	2014-06-18	内蒙古	冒顶片帮	6	
154	2014-04-07	云南	瓦斯爆炸	6	
155	2013-10-05	山西	冒顶片帮	6	较大
156	2013-03-07	四川	顶板	6	较大
157	2010-10-12	陕西	顶板	5	较大
158	2010-08-15	湖南	瓦斯	5	较大
159	2010-06-22	湖南	瓦斯爆炸	5	较大
160	2010-05-01	贵州	瓦斯	5	较大
161	2010-02-17	湖南	瓦斯	5	较大
162	2018-11-27	甘肃	中毒窒息	5	较大
163	2018-01-08	云南	瓦斯爆炸	5	较大
164	2017-12-08	重庆	煤与瓦斯突出	5	较大
165	2017-07-12	湖北	瓦斯	5	较大
166	2016-12-05	黑龙江	顶板	5	较大
167	2016-11-11	四川	水灾	5	较大
168	2016-09-08	云南	顶板	5	较大
169	2016-08-29	山西	透水	5	较大

序号	时间	省份	类型	死亡	等级
170	2016-06-29	黑龙江	火灾	5	较大
171	2016-04-08	山西	运输	5	较大
172	2016-03-26	陕西	瓦斯	5	较大
173	2016-01-18	湖南	煤与瓦斯突出	5	较大
174	2016-01-06	福建	瓦斯燃烧	5	较大
175	2015-12-14	云南	顶板	5	较大
176	2015-11-05	福建	其他	5	较大
177	2015-10-31	四川	冒顶片帮	5	较大
178	2015-06-27	四川	中毒窒息	5	较大
179	2015-02-12	四川	煤与瓦斯突出	5	较大
180	2014-09-23	甘肃	爆炸	5	较大
181	2014-08-06	河南	运输	5	较大
182	2014-07-18	贵州	机电	5	较大
183	2014-07-02	辽宁	透水	5	较大
184	2014-06-15	辽宁	瓦斯爆炸	5	较大
185	2014-04-10	河南	冒顶片帮	5	较大
186	2013-07-13	山西	瓦斯爆炸	5	较大
187	2013-06-03	山西	中毒窒息	5	较大
188	2013-05-31	山西	透水	5	较大
189	2013-05-02	重庆	瓦斯	5	较大
190	2013-04-14	内蒙古	坍塌	5	较大
191	2013-04-10	云南	关闭矿井	5	较大
192	2013-03-16	湖北	透水	5	较大
193	2013-01-16	黑龙江	煤与瓦斯突出	5	较大
194	2010-11-29	陕西	中毒窒息	4	较大
195	2010-10-20	湖北	顶板	4	较大
196	2010-08-18	山西	瓦斯爆炸	4	较大
197	2010-04-04	湖北	瓦斯爆炸	4	较大
198	2019-10-27	云南	瓦斯	4	较大
199	2019-09-14	湖南	瓦斯	4	较大

序号	时间	省份	类型	死亡	等级
200	2019-07-27	新疆	运输	4	较大
201	2019-06-05	云南	水灾	4	较大
202	2019-03-15	四川	顶板	4	较大
203	2018-10-10	山西	冒顶片帮	4	较大
204	2018-09-11	山西	煤与瓦斯突出	4	较大
205	2018-09-05	湖南	坍塌	4	较大
206	2018-08-21	吉林	瓦斯	4	较大
207	2018-05-22	黑龙江	瓦斯	4	较大
208	2018-05-02	山西	煤尘爆炸燃烧	4	较大
209	2018-03-28	云南	运输	4	较大
210	2018-01-07	内蒙古	运输	4	较大
211	2017-11-12	黑龙江	瓦斯爆炸	4	较大
212	2017-10-15	陕西	中毒窒息	4	较大
213	2017-09-12	云南	爆炸	4	较大
214	2016-11-20	贵州	透水	4	较大
215	2016-11-12	贵州	顶板	4	较大
216	2016-11-10	湖北	瓦斯	4	较大
217	2016-10-17	山西	支架倒塌	4	较大
218	2016-09-07	山东	冲击地压	4	较大
219	2016-07-30	四川	瓦斯	4	较大
220	2016-07-18	湖北	中毒窒息	4	较大
221	2016-06-25	湖北	运输	4	较大
222	2016-06-16	四川	火灾	4	较大
223	2016-06-15	云南	顶板	4	较大
224	2016-05-27	贵州	煤与瓦斯突出	4	较大
225	2016-05-14	河北	透水	4	较大
226	2016-05-09	四川	火灾	4	较大
227	2016-05-08	四川	瓦斯燃烧	4	较大
228	2016-02-05	山西	透水	4	较大
229	2016-01-15	山西	透水	4	一般

续表

序号	时间	省份	类型	死亡	等级
230	2015-12-30	甘肃	透水	4	较大
231	2015-12-17	江西	炸药爆炸	4	较大
232	2015-10-05	黑龙江	顶板	4	较大
233	2015-07-20	新疆	坍塌	4	较大
234	2015-06-21	贵州	瓦斯爆炸	4	较大
235	2015-06-07	黑龙江	冲击地压	4	较大
236	2015-01-04	辽宁	透水	4	较大
237	2014-12-15	河南	煤与瓦斯突出	4	较大
238	2014-12-14	安徽	坍塌	4	较大
239	2014-11-24	湖南	瓦斯爆炸	4	较大
240	2014-11-12	云南	冒顶片帮	4	较大
241	2014-11-02	内蒙古	运输	4	较大
242	2014-09-24	陕西	瓦斯	4	较大
243	2014-09-09	山西	水灾	4	较大
244	2014-09-04	辽宁	冒顶片帮	4	较大
245	2014-07-27	新疆	瓦斯爆炸	4	较大
246	2014-07-13	山西	中毒窒息	4	较大
247	2014-07-01	江西	安全生产	4	较大
248	2014-06-03	湖南	瓦斯燃烧	4	较大
249	2014-05-08	陕西	火灾	4	较大
250	2014-04-01	内蒙古	运输	4	较大
251	2013-12-13	四川	瓦斯爆炸	4	较大
252	2013-11-02	江西	煤与瓦斯突出	4	较大
253	2013-10-24	贵州	其他	4	较大
254	2013-10-14	四川	瓦斯爆炸	4	较大
255	2013-05-23	云南	运输	4	较大
256	2013-05-10	四川	瓦斯	4	较大
257	2013-05-03	贵州	煤与瓦斯突出	4	较大
258	2013-04-06	内蒙古	火灾	4	较大
259	2013-02-04	黑龙江	顶板	4	一般

序号	时间	省份	类型	死亡	等级
260	2013-01-29	四川	煤与瓦斯突出	4	较大
261	2010-11-11	黑龙江	中毒窒息	3	较大
262	2010-11-04	湖南	瓦斯爆炸	3	较大
263	2010-10-10	山西	中毒窒息	3	较大
264	2010-07-12	山西	坠落	3	较大
265	2010-04-29	福建	透水	3	较大
266	2010-04-21	内蒙古	炸药爆炸	3	较大
267	2010-04-21	新疆	中毒窒息	3	较大
268	2010-04-10	江西	瓦斯爆炸	3	较大
269	2010-03-17	山西	中毒窒息	3	较大
270	2010-01-12	四川	中毒窒息	3	较大
271	2019-12-17	山西	水害	3	较大
272	2019-12-17	山西	山体滑坡	3	较大
273	2019-11-22	黑龙江	顶板	3	较大
274	2019-09-01	山西	坍塌	3	较大
275	2019-08-21	陕西	瓦斯	3	较大
276	2019-06-19	内蒙古	顶板	3	较大
277	2019-03-18	四川	瓦斯	3	较大
278	2019-01-06	甘肃	炸药爆炸	3	较大
279	2018-12-24	辽宁	瓦斯爆炸	3	较大
280	2018-12-15	重庆	顶板	3	较大
281	2018-10-29	河南	顶板	3	较大
282	2018-10-15	湖北	透水	3	较大
283	2018-09-17	河南	顶板	3	较大
284	2018-08-16	黑龙江	顶板	3	较大
285	2018-07-14	山西	火灾	3	较大
286	2018-07-09	江西	爆炸	3	较大
287	2018-07-09	云南	瓦斯爆炸	3	较大
288	2018-05-22	山西	瓦斯爆炸	3	较大
289	2018-04-21	重庆	水灾	3	较大

序号	时间	省份	类型	死亡	等级
290	2018-04-09	辽宁	罐笼坠井	3	较大
291	2018-04-03	山西	放炮	3	较大
292	2018-03-22	山西	水灾	3	较大
293	2018-01-13	山西	瓦斯	3	较大
294	2017-12-02	福建	透水	3	较大
295	2017-11-17	内蒙古	运输	3	较大
296	2017-10-26	辽宁	坍塌	3	较大
297	2017-10-15	陕西	顶板	3	较大
298	2017-10-03	湖北	高处坠落	3	较大
299	2017-07-01	吉林	机电	3	较大
300	2017-04-28	湖北	瓦斯爆炸	3	较大
301	2017-03-28	云南	运输	3	较大
302	2017-02-27	陕西	中毒窒息	3	较大
303	2016-12-24	云南	其他	3	较大
304	2016-12-10	云南	瓦斯爆炸	3	较大
305	2016-12-07	辽宁	顶板	3	较大
306	2016-11-24	黑龙江	水害	3	较大
307	2016-11-22	福建	冒顶片帮	3	较大
308	2016-11-21	湖北	透水	3	较大
309	2016-11-15	湖南	中毒窒息	3	较大
310	2016-11-02	重庆	煤与瓦斯突出	3	较大
311	2016-09-27	安徽	瓦斯爆炸	3	较大
312	2016-09-25	黑龙江	水灾	3	较大
313	2016-09-07	山西	顶板	3	较大
314	2016-09-04	山东	坍塌	3	较大
315	2016-08-05	陕西	瓦斯中毒	3	较大
316	2016-07-05	贵州	水灾	3	较大
317	2016-05-13	湖北	煤与瓦斯突出	3	较大
318	2016-04-28	辽宁	机电	3	较大
319	2016-03-14	陕西	中毒窒息	3	较大

序号	时间	省份	类型	死亡	等级
320	2015-12-21	内蒙古	冒顶片帮	3	一般
321	2015-11-07	福建	透水	3	一般
322	2015-08-23	吉林	顶板	3	较大
323	2015-08-11	内蒙古	中毒窒息	3	较大
324	2015-08-07	云南	透水	3	较大
325	2015-08-03	甘肃	水灾	3	较大
326	2015-06-21	湖南	瓦斯爆炸	3	较大
327	2015-06-19	云南	冒顶片帮	3	较大
328	2015-05-27	山东	其他	3	较大
329	2015-05-26	山西	顶板	3	较大
330	2015-05-11	重庆	煤与瓦斯突出	3	较大
331	2015-04-27	重庆	瓦斯爆炸	3	较大
332	2015-04-25	湖南	坠落	3	较大
333	2015-04-11	湖南	顶板	3	较大
334	2015-03-04	广西	中毒窒息	3	较大
335	2014-10-24	黑龙江	运输	3	较大
336	2014-10-10	贵州	冒顶片帮	3	较大
337	2014-09-16	贵州	炸药爆炸	3	较大
338	2014-08-28	黑龙江	冒顶片帮	3	较大
339	2014-08-13	辽宁	爆炸	3	较大
340	2014-07-23	山东	放炮	3	较大
341	2014-07-11	安徽	运输	3	较大
342	2014-06-16	重庆	煤与瓦斯突出	3	较大
343	2014-04-08	四川	中毒窒息	3	较大
344	2014-03-27	河南	煤与瓦斯突出	3	较大
345	2014-03-12	重庆	煤与瓦斯突出	3	较大
346	2014-01-19	四川	冒顶片帮	3	较大
347	2014-01-05	江西	煤渣堵塞巷道	3	较大
348	2013-12-28	云南	瓦斯爆炸	3	较大
349	2013-10-30	宁夏	顶板	3	较大

序号	时间	省份	类型	死亡	等级
350	2013-10-11	云南	坍塌	3	较大
351	2013-09-14	黑龙江	瓦斯燃烧	3	较大
352	2013-09-14	重庆	煤与瓦斯突出	3	较大
353	2013-08-23	四川	瓦斯爆炸	3	较大
354	2013-08-20	贵州	顶板	3	较大
355	2013-08-05	山西	透水	3	较大
356	2013-07-23	山西	煤与瓦斯突出	3	较大
357	2013-06-02	湖南	运输	3	较大
358	2013-05-25	山西	冒顶片帮	3	较大
359	2013-05-10	黑龙江	机电	3	较大
360	2013-05-07	广西	透水	3	较大
361	2013-05-02	云南	煤与瓦斯突出	3	较大
362	2013-05-02	四川	瓦斯	3	较大
363	2013-04-19	吉林	中毒窒息	3	较大
364	2013-04-18	江西	水灾	3	较大
365	2013-04-14	湖南	运输	3	较大
366	2013-03-11	贵州	瓦斯	3	较大
367	2013-03-06	吉林	瓦斯	3	较大
368	2013-02-03	云南	冒顶片帮	3	较大
369	2013-01-02	辽宁	冒顶片帮	3	较大
370	2010-12-04	河南	运输	2	一般
371	2010-11-22	湖北	透水	2	一般
372	2010-09-15	湖南	运输	2	一般
373	2010-07-11	湖南	顶板	2	一般
374	2010-07-07	江西	顶板	2	一般
375	2010-06-24	辽宁	冒顶片帮	2	一般
376	2019-12-14	江西	顶板	2	一般
377	2019-07-26	江西	顶板	2	一般
378	2019-07-24	辽宁	运输	2	一般
379	2019-06-20	黑龙江	运输	2	一般

序号	时间	省份	类型	死亡	等级
380	2019-06-09	河南	瓦斯突出	2	一般
381	2018-10-01	江西	瓦斯燃烧	2	一般
382	2018-05-26	湖南	瓦斯中毒	2	一般
383	2018-05-09	辽宁	冒顶片帮	2	一般
384	2018-05-01	山西	水害	2	一般
385	2018-04-16	安徽	顶板	2	一般
386	2018-04-06	河南	水灾	2	一般
387	2018-02-16	重庆	顶板	2	一般
388	2018-01-10	江西	顶板	2	一般
389	2017-11-23	新疆	水灾	2	一般
390	2017-10-24	新疆	运输	2	一般
391	2017-09-29	云南	顶板	2	一般
392	2017-09-16	山东	顶板	2	一般
393	2017-08-02	山西	运输	2	一般
394	2017-07-19	湖北	放炮	2	一般
395	2017-07-18	贵州	冒顶片帮	2	一般
396	2017-06-12	贵州	煤与瓦斯突出	2	一般
397	2016-12-22	河南	顶板	2	一般
398	2016-11-27	辽宁	瓦斯	2	一般
399	2016-11-25	安徽	水灾	2	一般
400	2016-10-20	湖北	顶板	2	一般
401	2016-10-13	甘肃	中毒窒息	2	一般
402	2016-09-28	山西	中毒窒息	2	一般
403	2016-07-15	云南	顶板	2	一般
404	2016-05-03	江西	顶板	2	一般
405	2016-04-08	黑龙江	顶板	2	一般
406	2016-03-06	陕西	顶板	2	一般
407	2016-01-26	甘肃	冒顶片帮	2	一般
408	2015-12-17	黑龙江	火灾	2	一般
409	2015-12-16	河南	煤与瓦斯突出	2	一般

序号	时间	省份	类型	死亡	等级
410	2015-11-11	湖北	顶板	2	一般
411	2015-07-06	云南	瓦斯中毒	2	一般
412	2015-06-27	陕西	运输	2	一般
413	2015-05-22	内蒙古	机电	2	一般
414	2015-01-30	山	冒顶片帮	2	一般
415	2014-10-24	贵州	机电	2	一般
416	2014-09-15	云南	煤与瓦斯突出	2	一般
417	2014-08-16	广西	顶板	2	一般
418	2014-08-14	福建	瓦斯中毒	2	一般
419	2014-07-30	湖北	透水	2	一般
420	2014-06-02	辽宁	瓦斯	2	一般
421	2014-03-29	河南	煤与瓦斯突出	2	一般
422	2014-03-16	江西	顶板	2	一般
423	2014-03-15	河南	顶板	2	一般
424	2013-12-21	黑龙江	透水	2	一般
425	2013-11-29	湖南	瓦斯爆炸	2	一般
426	2013-09-16	广西	瓦斯燃烧	2	一般
427	2013-09-01	湖南	冒顶片帮	2	一般
428	2013-07-02	河南	冒顶片帮	2	一般
429	2013-06-05	陕西	瓦斯	2	一般
430	2013-05-15	黑龙江	顶板	2	一般
431	2013-05-11	湖南	顶板	2	一般
432	2013-05-03	四川	煤与瓦斯突出	2	一般
433	2013-05-01	河南	运输	2	一般
434	2013-04-27	湖南	顶板	2	一般
435	2013-04-20	辽宁	顶板	2	一般
436	2010-12-27	山西	运输	1	一般
437	2010-12-23	湖北	放炮	1	一般
438	2010-11-26	安徽	运输	1	一般
439	2010-11-08	江西	顶板	1	一般

序号	时间	省份	类型	死亡	等级
440	2010-10-23	河南	瓦斯	1	一般
441	2010-09-27	山西	机电	1	一般
442	2010-09-22	湖北	运输	1	一般
443	2010-09-04	江西	水害	1	一般
444	2010-08-31	江西	顶板	1	一般
445	2010-08-21	重庆	煤与瓦斯突出	1	一般
446	2010-08-20	黑龙江	顶板	1	一般
447	2010-08-15	宁夏	运输	1	一般
448	2010-08-12	江西	顶板	1	一般
449	2010-08-05	甘肃	运输	1	一般
450	2010-07-23	安徽	透水	1	一般
451	2010-07-20	湖北	顶板	1	一般
452	2010-07-05	陕西	顶板	1	一般
453	2010-06-28	辽宁	顶板	1	一般
454	2010-06-26	甘肃	运输	1	一般
455	2010-06-23	湖南	放炮	1	一般
456	2010-06-21	内蒙古	顶板	1	一般
457	2010-06-13	山西	运输	1	一般
458	2010-06-12	四川	运输	1	一般
459	2010-06-11	江西	运输	1	一般
460	2010-06-10	广西	顶板	1	一般
461	2010-06-09	山西	顶板	1	一般
462	2010-06-06	山西	顶板	1	一般
463	2010-06-04	湖南	火灾	1	一般
464	2010-06-03	湖北	机电	1	一般
465	2010-05-16	甘肃	机电	1	一般
466	2010-05-04	河南	顶板	1	一般
467	2010-04-30	甘肃	顶板	1	一般
468	2010-04-15	湖北	机电	1	一般
469	2010-04-12	甘肃	水灾	1	一般

序号	时间	省份	类型	死亡	等级
470	2010-03-16	内蒙古	机电	1	一般
471	2010/2/29	湖北	顶板	1	一般
472	2010-02-23	甘肃	运输	1	一般
473	2010-01-12	福建	顶板	1	一般
474	2010-01-11	内蒙古	放炮	1	一般
475	2019-12-13	山东	运输	1	一般
476	2019-12-08	河北	透水	1	一般
477	2019-11-27	湖南	瓦斯燃烧	1	一般
478	2019-11-25	重庆	顶板	1	一般
479	2019-11-25	山西	运输	1	一般
480	2019-11-22	江西	顶板	1	一般
481	2019-11-18	湖北	顶板	1	一般
482	2019-11-09	湖北	瓦斯	1	一般
483	2019-11-04	湖北	中毒窒息	1	一般
484	2019-10-26	吉林	运输	1	一般
485	2019-10-22	江西	运输	1	一般
486	2019-10-19	江西	瓦斯	1	一般
487	2019-10-19	陕西	运输	1	一般
488	2019-10-16	湖北	运输	1	一般
489	2019-09-23	湖南	顶板	1	一般
490	2019-09-22	湖北	运输	1	一般
491	2019-09-15	云南	顶板	1	一般
492	2019-08-31	江西	顶板	1	一般
493	2019-08-17	黑龙江	放炮	1	一般
494	2019-08-13	辽宁	运输	1	一般
495	2019-08-04	山西	运输	1	一般
496	2019-08-04	四川	放炮	1	一般
497	2019-08-02	广西	运输	1	一般
498	2019-07-31	江西	运输	1	一般
499	2019-07-29	内蒙古	顶板	1	一般

序号	时间	省份	类型	死亡	等级
500	2019-07-29	江西	顶板	1	一般
501	2019-07-28	湖北	瓦斯	1	一般
502	2019-07-23	河北	瓦斯爆炸	1	一般
503	2019-07-07	江西	运输	1	一般
504	2019-07-02	四川	运输	1	一般
505	2019-06-17	江西	顶板	1	一般
506	2019-06-13	吉林	运输	1	一般
507	2019-05-01	重庆	运输	1	一般
508	2019-04-25	湖北	中毒窒息	1	一般
509	2019-04-10	河南	顶板	1	一般
510	2019-03-15	内蒙古	机电	1	一般
511	2019-03-14	江西	顶板	1	一般
512	2019-03-13	辽宁	运输	1	一般
513	2019-02-23	云南	顶板	1	一般
514	2019-02-07	黑龙江	运输	1	一般
515	2019-01-19	内蒙古	机电	1	一般
516	2019-01-12	陕西	运输	1	一般
517	2019-01-12	湖南	顶板	1	一般
518	2019-01-06	宁夏	运输	1	一般
519	2019-01-05	江西	顶板	1	一般
520	2018-12-18	北京	顶板	1	一般
521	2018-12-15	湖北	顶板	1	一般
522	2018-12-14	山西	机电	1	一般
523	2018-12-07	陕西	机电	1	一般
524	2018-11-19	甘肃	顶板	1	一般
525	2018-11-03	安徽	运输	1	一般
526	2018-11-02	山西	运输	1	一般
527	2018-10-25	辽宁	运输	1	一般
528	2018-10-20	安徽	顶板	1	一般
529	2018-10-18	江西	运输	1	一般

续表

序号	时间	省份	类型	死亡	等级
530	2018-10-12	云南	顶板	1	一般
531	2018-09-24	甘肃	运输	1	一般
532	2018-09-21	辽宁	顶板	1	一般
533	2018-09-19	福建	顶板	1	一般
534	2018-09-11	黑龙江	运输	1	一般
535	2018-09-01	四川	中毒窒息	1	一般
536	2018-08-20	山西	机电	1	一般
537	2018-08-17	湖南	顶板	1	一般
538	2018-08-16	辽宁	运输	1	一般
539	2018-08-10	四川	顶板	1	一般
540	2018-08-08	山东	机电	1	一般
541	2018-08-06	黑龙江	运输	1	一般
542	2018-08-05	宁夏	机电	1	一般
543	2018-07-25	辽宁	运输	1	一般
544	2018-07-06	黑龙江	运输	1	一般
545	2018-05-26	四川	放炮	1	一般
546	2018-05-20	云南	瓦斯中毒	1	一般
547	2018-05-20	陕西	运输	1	一般
548	2018-05-19	辽宁	透水	1	一般
549	2018-05-14	四川	顶板	1	一般
550	2018-04-25	内蒙古	顶板	1	一般
551	2018-04-12	陕西	机电	1	一般
552	2018-04-04	江西	顶板	1	一般
553	2018-03-30	河北	冒顶片帮	1	一般
554	2018-03-29	江西	运输	1	一般
555	2018-03-27	山西	运输	1	一般
556	2018-03-07	江西	顶板	1	一般
557	2018-03-04	河北	顶板	1	一般
558	2018-03-03	山西	机电	1	一般
559	2018-03-03	宁夏	运输	1	一般

序号	时间	省份	类型	死亡	等级
560	2018-02-08	山西	顶板	1	一般
561	2018-01-24	宁夏	顶板	1	一般
562	2018-01-23	重庆	顶板	1	一般
563	2018-01-23	江西	顶板	1	一般
564	2018-01-20	山西	顶板	1	一般
565	2017-12-30	宁夏	运输	1	一般
566	2017-12-13	湖北	冒顶片帮	1	一般
567	2017-12-11	甘肃	运输	1	一般
568	2017-12-09	四川	运输	1	一般
569	2017-11-22	江西	顶板	1	一般
570	2017-11-11	山西	机电	1	一般
571	2017-11-10	四川	运输	1	一般
572	2017-10-28	安徽	运输	1	一般
573	2017-10-26	辽宁	顶板	1	一般
574	2017-10-26	山东	透水	1	一般
575	2017-10-18	陕西	顶板	1	一般
576	2017-09-25	宁夏	机电	1	一般
577	2017-09-16		运输	1	一般
578	2017-09-13	江西	顶板	1	一般
579	2017-09-06	内蒙古	顶板	1	一般
580	2017-08-26	湖北	放炮	1	一般
581	2017-08-24	云南	运输	1	一般
582	2017-08-24	湖南	顶板	1	一般
583	2017-08-21	河南	机电	1	一般
584	2017-08-20	陕西	运输	1	一般
585	2017-08-14	重庆	顶板	1	一般
586	2017-08-01	湖南	顶板	1	一般
587	2017-08-01	四川	顶板	1	一般
588	2017-07-31	山西	运输	1	一般
589	2017-06-12	江西	运输	1	一般

续表

序号	时间	省份	类型	死亡	等级
590	2017-06-08	河北	冒顶片帮	1	一般
591	2017-06-08	内蒙古	运输	1	一般
592	2017-05-22	内蒙古	运输	1	一般
593	2017-05-20	辽宁	顶板	1	一般
594	2017-05-15	广西	顶板	1	一般
595	2017-04-19	河北	运输	1	一般
596	2017-03-28	河南	运输	1	一般
597	2017-03-09	陕西	机电	1	一般
598	2017-03-09	安徽	机电	1	一般
599	2017-02-27	山西	运输	1	一般
600	2017-02-14	湖北	顶板	1	一般
601	2017-01-17	山西	运输	1	一般
602	2017-01-06	内蒙古	运输	1	一般
603	2017-01-04	内蒙古	运输	1	一般
604	2016-12-25	江西	中毒窒息	1	一般
605	2016-12-16	黑龙江	机电	1	一般
606	2016-12-15	河北	透水	1	一般
607	2016-12-10	山西	机电	1	一般
608	2016-11-29	山西	运输	1	一般
609	2016-11-27	湖南	顶板	1	一般
610	2016-11-25	辽宁	运输	1	一般
611	2016-11-10	云南	顶板	1	一般
612	2016-11-02	内蒙古	运输	1	一般
613	2016-11-01	江西	顶板	1	一般
614	2016-10-26	湖北	运输	1	一般
615	2016-10-23	云南	运输	1	一般
616	2016-10-22	内蒙古	运输	1	一般
617	2016-10-14	辽宁	运输	1	一般
618	2016-10-13	辽宁	运输	1	一般
619	2016-10-12	甘肃	运输	1	一般

序号	时间	省份	类型	死亡	等级
620	2016-10-10	山西	机电	1	一般
621	2016-09-17	四川	冒顶片帮	1	一般
622	2016-09-09	重庆	机电	1	一般
623	2016-09-06	内蒙古	机电	1	一般
624	2016-09-06	云南	顶板	1	一般
625	2016-08-08	北京	运输	1	一般
626	2016-08-07	四川	瓦斯	1	一般
627	2016-08-06	宁夏	运输	1	一般
628	2016-08-02	黑龙江	顶板	1	一般
629	2016-07-28	重庆	运输	1	一般
630	2016-07-25	新疆	运输	1	一般
631	2016-07-24	河北	机电	1	一般
632	2016-07-23	重庆	煤与瓦斯突出	1	一般
633	2016-07-22	山东	顶板	1	一般
634	2016-07-20	江西	顶板	1	一般
635	2016-07-02	内蒙古	运输	1	一般
636	2016-07-01	宁夏	运输	1	一般
637	2016-06-27	新疆	机电	1	一般
638	2016-06-22	河南	顶板	1	一般
639	2016-06-18	江西	中毒窒息	1	一般
640	2016-06-14	山西	顶板	1	一般
641	2016-05-30	黑龙江	顶板	1	一般
642	2016-04-30	安徽	顶板	1	一般
643	2016-04-23	甘肃	运输	1	一般
644	2016-04-21	陕西	顶板	1	一般
645	2016-04-21	甘肃	运输	1	一般
646	2016-04-18	湖南	运输	1	一般
647	2016-04-15	辽宁	运输	1	一般
648	2016-04-09	云南	顶板	1	一般
649	2016-03-27	陕西	运输	1	一般

序号	时间	省份	类型	死亡	等级
650	2016-03-21	甘肃	运输	1	一般
651	2016-03-15	安徽	运输	1	一般
652	2016-03-05	宁夏	机电	1	一般
653	2016-03-03	青海	冒顶片帮	1	一般
654	2016-03-02	陕西	顶板	1	一般
655	2016-02-06	云南	火灾	1	一般
656	2016-01-22	云南	顶板	1	一般
657	2016-01-17	江西	顶板	1	一般
658	2015-12-27	湖北	顶板	1	一般
659	2015-12-24	安徽	运输	1	一般
660	2015-12-22	江西	水害	1	一般
661	2015-12-11	吉林	机电	1	一般
662	2015-12-07	辽宁	运输	1	一般
663	2015-11-28	江西	顶板	1	一般
664	2015-11-20	山西	顶板	1	一般
665	2015-11-08	内蒙古	运输	1	一般
666	2015-11-06	四川	顶板	1	一般
667	2015-10-09	山西	运输	1	一般
668	2015-10-07	四川	顶板	1	一般
669	2015-09-21	重庆	顶板	1	一般
670	2015-09-12	云南	顶板	1	一般
671	2015-09-06	湖南	顶板	1	一般
672	2015-08-19	内蒙古	放炮	1	一般
673	2015-08-15	河北	顶板	1	一般
674	2015-08-05	山西	运输	1	一般
675	2015-08-04	四川	放炮	1	一般
676	2015-07-30	内蒙古	机电	1	一般
677	2015-07-22	辽宁	运输	1	一般
678	2015-07-20	山西	运输	1	一般
679	2015-07-18	山西	机电	1	一般

序号	时间	省份	类型	死亡	等级
680	2015-07-15	黑龙江	运输	1	一般
681	2015-07-11	四川	顶板	1	一般
682	2015-07-09	陕西	运输	1	一般
683	2015-07-01	山西	运输	1	一般
684	2015-06-30	江西	顶板	1	一般
685	2015-06-28	山西	机电	1	一般
686	2015-06-21	内蒙古	运输	1	一般
687	2015-06-21	江西	运输	1	一般
688	2015-06-19	湖北	顶板	1	一般
689	2015-05-28	江西	运输	1	一般
690	2015-05-11	重庆	运输	1	一般
691	2015-05-01	湖北	顶板	1	一般
692	2015-04-19	辽宁	运输	1	一般
693	2015-04-10	江西	运输	1	一般
694	2015-04-10	黑龙江	煤与瓦斯突出	1	一般
695	2015-04-09	陕西	机电	1	一般
696	2015-04-06	湖北	顶板	1	一般
697	2015-04-05	江西	机电	1	一般
698	2015-03-31	湖南	顶板	1	一般
699	2015-03-27	山东	运输	1	一般
700	2015-03-26	甘肃	运输	1	一般
701	2015-03-23	江西	顶板	1	一般
702	2015-03-23	江西	顶板	1	一般
703	2015-03-13	重庆	运输	1	一般
704	2015-03-05	山东	顶板	1	一般
705	2015-02-28	内蒙古	运输	1	一般
706	2015-02-17	江西	机电	1	一般
707	2015-02-13	湖北	顶板	1	一般
708	2015-02-06	河北	顶板	1	一般
709	2014-12-26	内蒙古	运输	1	一般

序号	时间	省份	类型	死亡	等级
710	2014-12-15	辽宁	顶板	1	一般
711	2014-12-12	山西	运输	1	一般
712	2014-11-29	山西	机电	1	一般
713	2014-11-26	内蒙古	顶板	1	一般
714	2014-11-18	湖北	顶板	1	一般
715	2014-11-14	陕西	机电	1	一般
716	2014-11-13	广西	运输	1	一般
717	2014-11-12	安徽	运输	1	一般
718	2014-10-26	湖南	运输	1	一般
719	2014-10-13	江西	顶板	1	一般
720	2014-10-11	新疆	机电	1	一般
721	2014-10-05	辽宁	冒顶片帮	1	一般
722	2014-09-26	江西	顶板	1	一般
723	2014-09-15	安徽	机电	1	一般
724	2014-09-14	甘肃	顶板	1	一般
725	2014-08-19	江西	顶板	1	一般
726	2014-08-13	江西	顶板	1	一般
727	2014-08-13	江西	运输	1	一般
728	2014-08-11	山东	顶板	1	一般
729	2014-08-11	山西	运输	1	一般
730	2014-08-09	山西	运输	1	一般
731	2014-08-08	陕西	顶板	1	一般
732	2014-08-04	山西	运输	1	一般
733	2014-07-30	内蒙古	运输	1	一般
734	2014-07-15	四川	运输	1	一般
735	2014-07-09	湖南	顶板	1	一般
736	2014-07-06	辽宁	运输	1	一般
737	2014-07-06	重庆	运输	1	一般
738	2014-07-05	辽宁	顶板	1	一般
739	2014-06-29	江西	顶板	1	一般

序号	时间	省份	类型	死亡	等级
740	2014-06-09	山西	运输	1	一般
741	2014-05-31	吉林	冒顶片帮	1	一般
742	2014-05-18	陕西	运输	1	一般
743	2014-05-13	湖北	运输	1	一般
744	2014-05-13	重庆	机电	1	一般
745	2014-05-11	山西	运输	1	一般
746	2014-04-29	黑龙江	放炮	1	一般
747	2014-04-26	湖南	运输	1	一般
748	2014-04-26	江西	顶板	1	一般
749	2014-04-24	云南	顶板	1	一般
750	2014-04-21	湖北	顶板	1	一般
751	2014-04-18	吉林	顶板	1	一般
752	2014-04-16	江西	顶板	1	一般
753	2014-03-31	江西	顶板	1	一般
754	2014-03-28	山东	水灾	1	一般
755	2014-03-27	陕西	机电	1	一般
756	2014-03-25	内蒙古	机电	1	一般
757	2014-03-21	四川	顶板	1	一般
758	2014-03-21	云南	运输	1	一般
759	2014-03-16	辽宁	运输	1	一般
760	2014-03-15	陕西	顶板	1	一般
761	2014-03-15	湖北	顶板	1	一般
762	2014-02-22	湖北	顶板	1	一般
763	2014-01-26	黑龙江	放炮	1	一般
764	2014-01-08	云南	运输	1	一般
765	2014-01-07	山西	机电	1	一般
766	2014-01-04	辽宁	运输	1	一般
767	2014-01-03	山西	机电	1	一般
768	2013-12-26	安徽	运输	1	一般
769	2013-12-08	河北	冒顶片帮	1	一般

序号	时间	省份	类型	死亡	等级
770	2013-12-05	湖南	瓦斯燃烧	1	一般
771	2013-12-04	江西	顶板	1	一般
772	2013-12-02	云南	顶板	1	一般
773	2013-11-27	云南	运输	1	一般
774	2013-11-22	湖北	透水	1	一般
775	2013-11-19	四川	运输	1	一般
776	2013-11-09	山东	顶板	1	一般
777	2013-11-09	云南	顶板	1	一般
778	2013-11-02	四川	顶板	1	一般
779	2013-10-29	辽宁	冒顶片帮	1	一般
780	2013-10-27	山东	机电	1	一般
781	2013-10-25	宁夏	顶板	1	一般
782	2013-10-17	北京	顶板	1	一般
783	2013-10-09	安徽	运输	1	一般
784	2013-09-29	青海	顶板	1	一般
785	2013-09-28	湖北	机电	1	一般
786	2013-09-16	内蒙古	运输	1	一般
787	2013-09-15	陕西	顶板	1	一般
788	2013-09-04	湖南	顶板	1	一般
789	2013-09-03	陕西	运输	1	一般
790	2013-08-04	云南	顶板	1	一般
791	2013-07-29	宁夏	运输	1	一般
792	2013-07-24	陕西	顶板	1	一般
793	2013-07-23	湖南	顶板	1	一般
794	2013-07-21	江西	机电	1	一般
795	2013-07-18	辽宁	运输	1	一般
796	2013-06-23	陕西	机电	1	一般
797	2013-06-23	山西	运输	1	一般
798	2013-06-22	甘肃	冒顶片帮	1	一般
799	2013-06-21	黑龙江	运输	1	一般

序号	时间	省份	类型	死亡	等级
800	2013-06-05	陕西	顶板	1	一般
801	2013-06-04	辽宁	顶板	1	一般
802	2013-05-10	山西	运输	1	一般
803	2013-05-04	河南	顶板	1	一般
804	2013-05-03	内蒙古	运输	1	一般
805	2013-05-03	甘肃	运输	1	一般
806	2013-05-03	湖北	中毒窒息	1	一般
807	2013-04-21	河南	煤与瓦斯突出	1	一般
808	2013-04-17	广西	运输	1	一般
809	2013-04-16	重庆	顶板	1	一般
810	2013-04-14	江西	顶板	1	一般
811	2013-04-13	陕西	顶板	1	一般
812	2013-04-12	内蒙古	顶板	1	一般
813	2013-04-12	四川	运输	1	一般
814	2013-04-08	辽宁	运输	1	一般
815	2013-04-05	辽宁	顶板	1	一般
816	2013-04-01	安徽	运输	1	一般
817	2013-03-21	四川	顶板	1	一般
818	2013-03-21	重庆	运输	1	一般
819	2013-03-21	湖南	放炮	1	一般
820	2013-03-15	内蒙古	运输	1	一般
821	2013-03-14	山西	机电	1	一般
822	2013-03-12	四川	顶板	1	一般
823	2013-03-11	黑龙江	运输	1	一般
824	2013-03-01	山西	运输	1	一般
825	2013-02-28	辽宁	顶板	1	一般
826	2013-02-19	陕西	运输	1	一般
827	2013-02-19	湖北	冒顶片帮	1	一般
828	2010-08-05	贵州	煤与瓦斯突出	2	一般

数据来源:国家煤矿安监局网站、中国煤矿安全生产网站及国家煤矿安全监察局网站。

参 考 文 献

[1] BP PLC. BP Statistical Review of World Energy 2020[EB/OL]. (2020-06)[2022-11-04]. https://www. bp. com/content/dam/bp/business-sites/en/global/corporate/pdfs/energy-economics/statistical-review/bp-stats-review-2020-full-report. pdf.

[2] NIU S. Coal mine safety production situation and management strategy [J]. Management & engineering,2014(14):78-82.

[3] The International Energy Agency. [EB/OL]. [2022-11-04]. https://www. iea. org/fuels-and-technologies/coal.

[4] 袁亮. 我国煤矿安全发展战略研究[J]. 中国煤炭,2021,47(06):1-6.

[5] 康红普,王国法,王双明,等. 煤炭行业高质量发展研究[J]. 中国工程科学,2021,23(05):130-138.

[6] LIU Q,LI X,HASSALL M. Evolutionary game analysis and stability control scenarios of coal mine safety inspection system in china based on system dynamics[J]. Safety science,2015,80:13-22.

[7] TONG Q. China's coal mine accident statistics analysis and one million tons mortality prediction[J]. IETI Transactions on computers,2016,2(1):61-72.

[8] QIAO W G,LI X C,LIU Q L. Systemic approaches to incident analysis in coal mines:Comparison of the STAMP,FRAM and "2-4" models-ScienceDirect[J]. Resources policy,2019,63,101453-101453.

[9] 袁亮. 我国煤炭工业高质量发展面临的挑战与对策[J]. 中国煤炭,2020,46(01):6-12.

[10] YIN W T,FU G,YANG C,et al. Fatal gas explosion accidents on Chinese coal mines and the characteristics of unsafe behaviors: 2000—2014[J]. Safety science,2017,92:173-179.

[11] YOU M,LI S,LI D,et al. Evolutionary game analysis of coal-mine enterprise internal safety inspection system in china based on system dynamics[J]. Resources policy,2020,67:101673.

[12] YOU M,LI S,LI D,et al. Study on the influencing factors of miners' unsafe behavior propagation[J]. Frontiers in psychology,2019,10:2467-2467.

[13] CAO Q G,LI K,LIU Y J,et al. Risk management and workers' safety behavior control in coal mine[J]. Safety science,2012,50(4),909-913.

[14] LIU Q L,MENG X F,HASSALL M,et al. Accident-causing mechanism in coal mine based on hazards and polarized management[J]. Safety science,2016,85,276-281.

[15] GREENWOOD M,WOODS H M. The incidence of industrial accidents individuals with special reference to multiple accidents[M]. London:HM Stationery Office,1919.

[16] HEINRICH H W. Industrial Accident Prevention:A Safety Management Approach[M]. NewYork:McGraw-Hill Customer Service,1979.

[17] XIAO Z. Design of coal mine safety early warning and management system[J]. Coal technology,2018,37(03):180-182.

[18] WANG L,CAO Q,ZHOU L. Research on the influencing factors in coal mine production safety based on the combination of DEMATEL and ISM[J]. Safety science,2018,103:51-61.

[19] YU K,CAO Q,XIE C,et al. Analysis of intervention strategies for coal miners' unsafe behaviors based on analytic network process and system dynamics[J]. Safety science,2019,118:145-157.

[20] LIU R L,CHENG W M,YU Y B,et al. An impacting factors analysis of miners' unsafe acts based on HFACS-CM and SEM[J]. Process safety and environmental protection,2019,122:221-231.

[21] LARRY G R,HARISHA K,VLADISLAV K,et al. Pilot sample risk

analysis for underground coal mine fires and explosions using MSHA citation data[J]. Safety science,2009,47,(10):1371-1378.

[22] LENNÉ MG,ASHBY K,FITZHARRIS M. Analysis of general aviation crashes in australia using the human factors analysis and classification system[J]. International journal of aviation psychology,2008,18(4):340-352.

[23] PATTERSON J M,SHAPPELL S A. Operator error and system deficiencies: analysis of 508 mining incidents and accidents from Queensland,Australia using HFACS[J]. Accident analysis & prevention,2010,42 (4):1379-1385.

[24] SALEH J H,CUMMINGS A M. Safety in the mining industry and the unfinished legacy of mining accidents: safety levers and defense-in-depth for addressing mining hazards[J]. Safety science,2011,49(6): 764-777.

[25] ZWETSLOOT G I J M,KINES P,RUOTSALA R,et al. The importance of commitment,communication,culture and learning for the implementation of the Zero Accident Vision in 27 companies in Europe [J]. Safety science,2017,96:22-32.

[26] 成连华,郭慧敏.基于 SEM 的煤矿安全生产影响因素系统研究[J].中国安全科学学报,2018,28(01):137-142.

[27] 刘东.煤矿安全影响因素的系统动力学研究[J].煤矿安全,2014,45(2):212-214,217.

[28] WANG L,CAO Q,ZHOU L. Research on the influencing factors in coal mine production safety based on the combination of DEMATEL and ISM[J]. Safety science,2018,103:51-61.

[29] 李乃文,罗海涛.重特大事故原因分析与对策[J].煤矿安全,2007(5):90-93.

[30] 董建美.我国煤矿事故多发的原因分析及对策[J].国土资源,2007(1):22-25.

[31] 许满贵.煤矿动态综合安全评价模式及应用研究[D].西安:西安科技大学,2006.

[32] 刘文俊,周志强,李石新.煤矿企业员工行为对安全生产的影响及安全

文化构建[J].中国安全科学学报,2010,20(3):125-130.

[33] 何刚,张国枢,陈清华,等.煤矿安全生产中人的行为影响因子系统动力学(SD)仿真分析[J].中国安全科学学报,2008(09):43-47.

[34] 李咏梅,王海宁,袁金星,等.基于FAHP确定影响煤矿安全生产因素的重要性[J].山西焦煤科技,2010,34(07):44-46+50.

[35] 苏同营.基于生产过程的煤矿安全影响因素分析与控制研究[D].北京:中国矿业大学(北京),2012.

[36] 韩斌君.我国煤矿安全事故致因研究[D].上海:同济大学,2007.

[37] 田水承,梁清,马文赛,等.煤矿瓦斯爆炸险兆事件致因模型构建[J].煤矿安全,2017,48(04):226-229+233.

[38] 李润求,施式亮,罗文柯.煤矿瓦斯爆炸事故特征与耦合规律研究[J].中国安全科学学报,2010,20(02):69-74+178.

[39] 施书磊.基于模糊事故树的兴利煤矿爆炸危险性评价研究[D].淮北:安徽理工大学,2017.

[40] 韦刚.基于事故链模糊事故树分析法的瓦斯爆炸关键危险源辨识与评价[D].太原:太原理工大学,2015.

[41] DU W F,PENG S P,SHI S Z. Seismic interpretation of deep buried structure characteristics and its influence on coal mine safety[J]. Journal of China coal society,2015,40(3):640-645.

[42] 肖镞.煤矿安全预警与管理系统设计[J].煤炭技术,2018,37(03):180-182.

[43] 华攸金,李希建.基于可拓理论的煤矿安全风险预警与评价[J].煤炭工程,2020,52(01):163-168.

[44] 李春睿,齐庆新,秦子晗,等.煤矿工作面安全事故的模糊综合评价方法[J].煤矿开采,2009,14(8):33-36.

[45] 顾学明.基于FTA的煤矿冒顶事故危险源辨识[J].资源与产业,2010,12(S1):139-142.

[46] ZHANG Q,PAN T,WANG H. Research of coal mine safety management platform based on internet of things[J]. Industry and mine automation,2015,41(10):49-51.

[47] CHEN Y,LI S. The relationship between workplace ostracism and sleep quality:a mediated moderation model[J]. Frontiers in psychol-

ogy,2019,10:319.

[48] METIN,DAG-DEVIREN,IHSAN,et al. Developing a fuzzy analytic hierarchy process (AHP) model for behavior-based safety management[J]. Information sciences,2008,178(6):1717-1733.

[49] YOU M J,LI S,LI D W,et al. Study on the influencing factors of miners' unsafe behavior propagation[J]. Frontiers in psychology,2019, 10:2467.

[50] MA J,DAI H. A methodology to construct warning index system for coal mine safety based on collaborative management[J]. Safety science,2017,93:86-95.

[51] LI Z L,HE X Q,DOU L M,et al. Investigating the mechanism and prevention of coalmine dynamic disasters by using dynamic cyclic loading tests[J]. Safety science,2019,115:215-228.

[52] QIAN M,MU D D. Assessment index system of safety management of coal mine[J]. Journal of mining & safety engineering,2008,25(3): 375-378.

[53] LI X C. Study the closed loop management system for the coal mines based on risk management[J]. International journal of coal science & technology,2010(2):215-220.

[54] CAO Q G,LI K,LIU Y J,et al. Risk management and workers' safety behavior control in coal mine. safety science,2012,50(4):909-913.

[55] TUBIS A,WERBIŃSKA-WOJCIECHOWSKA S,WROBLEWSKI A. Risk assessment methods in mining industry:A systematic review[J]. Applied sciences,2020,10(15):5172.

[56] MATLOOB S,LI Y,KHAN K Z. Safety measurements and risk assessment of coal mining industry using artificial intelligence and machine learning[J]. Journal of business and management,2021,9(3): 1198-1209.

[57] SARI M,SELUCK S,KARPUZ C,et. al. Stochastic modelling of accidents risks associated with an underground coal mine in Turkey[J]. Safety science,2009,47(1):78-87.

[58] HICKMAN J,GELLER S. A safety self-management intervention for

mining operations [J]. Journal of safety research,2003,34（3）:299-308.

[59] 王轩.煤矿瓦斯概率风险评价方法研究[J].中国煤炭,2011,37(10):96-98+101.

[60] 何叶荣,李慧宗,王向前.煤矿企业安全管理风险预测模型研究:基于RS-SVM[J].华东经济管理,2014,28(10):159-163.

[61] 王学琛,李墨潇,郭昕耀.基于组合赋权的煤矿安全生产风险评价分析[J].武汉理工大学学报(信息与管理工程版),2016,38(05):538-542.

[62] 郜彤,张瑞新,郜赛超,等.基于云模型和组合赋权的煤矿安全风险评价[J].工矿自动化,2019,45(12):23-28.

[63] 朱静.基于模糊综合评价法的煤矿安全评价[J].煤矿安全,2014,45(04):226-228.

[64] 孙旭东,张蕾欣,戚宏亮.基于Fuzzy AHP的煤矿安全生产风险评价模型[J].工业安全与环保,2014,40(01):65-68.

[65] 苏亚松,张长鲁,廖梦洁,等.基于ANP和概率神经网络的县域采煤矿区安全风险评价[J].煤矿安全,2020,51(01):251-256.

[66] 杨军,宋学锋.基于ANP方法的煤矿安全生产风险评价[J].统计与决策,2013(10):63-65.

[67] 崔铁军,马云东.基于AHP-云模型的巷道冒顶风险评价[J].计算机应用研究,2016,33(10):2973-2976.

[68] WANG Q,WANG H,QI Z. An application of nonlinear fuzzy analytic hierarchy process in safety evaluation of coal mine[J]. Safety science,2016,86:78-87.

[69] MENG X,LIU Q,LUO X,et al. Risk assessment of the unsafebehaviours of humans in fatal gas explosion accidents in China's underground coal mines[J]. Journal of cleaner production,2019,2:970-976.

[70] 田水承,王莉,李红霞.基于SPA模型的煤矿瓦斯危险源风险评价[J].安全与环境学报,2006(06):103-106.

[71] 吴立云,杨玉中,张强.矿井通风系统评价的TOPSIS方法[J].煤炭学报,2007(04):407-410.

[72] 王超,陈开岩.基于ANN的煤矿安全评价方法的探讨[J].安全,2005(03):25-27.

[73] ZHANGRUILIN, LAN S LOWNDES. The application of a coupled artificial neural network and fault tree analysis model to predict coal and gas outbursts[J]. International journal of coal geology,2010,37(84):141-152.

[74] SIRUI ZHANG,BOTAO WANG,XUEEN LI,et al. Research and application of improved gas concentrcation prediction model based on grey theory and BP neural network in digital mine[J]. Procedia CIRP,2016,56(6):471-575.

[75] YOU M J,LI S,LI D W,et al. Applications of artificial intelligence for coal mine gas risk assessment[J]. Safety science,2021,143(2):105420.

[76] 李爽,李丁炜,犹梦洁,等. 基于 BN-ELM 的煤矿瓦斯安全态势预测方法[J]. 系统工程,2020,38(03):132-140.

[77] ZHANG T,SONG S,LI S,et al. Research on gas concentration prediction models based on LSTM multidimensional time series[J]. Energies,2019,12(1):161.

[78] 彭玉敬,刘建,邰彤,等. 基于 GIS 的煤矿企业风险预测预警系统设计[J]. 工矿自动化,2018,44(06):96-100.

[79] 刘海滨,李光荣,黄辉. 煤矿本质安全特征及管理方法研究[J]. 中国安全科学学报,2007(04):67-72+179.

[80] 郝贵. 关于我国煤矿本质安全管理体系的探索与实践[J]. 管理世界,2008(01):2-8.

[81] 陈维民. 以风险预控为基础的煤矿本质安全化管理[J]. 中国安全科学学报,2007(07):59-62.

[82] 雷凯丽,江微娜,冉伟仡,等. 煤矿安全生产坠落事故风险管理体系应用研究[J]. 能源与环保,2018,40(09):44-49+53.

[83] 张钊,郑万波,江微娜,等. 煤矿安全生产瓦斯事故风险管理体系在中梁山北井的应用[J]. 能源与环保,2018,40(6):1-6.

[84] 康跃明,郑万波,吴燕清,等. 煤矿安全生产火灾事故风险管理体系应用研究[J]. 能源与环保,2018,40(5):21-27.

[85] 郑万波,胡千庭,吴燕清,等. 煤矿安全生产机电事故风险管理体系在东林煤矿的应用[J]. 能源与环保,2018,40(1):1-8.

[86] 李爽,毛吉星,贺超,等. 煤矿安全双重预防机制建设实施指南[M]. 北

京：煤炭工业出版社，2018.

[87] 贾迎梅.安全风险预控管理在清水营煤矿安全生产中的应用[J].煤炭科技，2018,4:75-79.

[88] TRIST E L,BAMFORTH K W. Some social and psychological consequences of the longwall method of coal-getting[J]. Human relations，1951,4(1):3-38.

[89] Rice A K. The enterprise and its environment[M]. London:Tavistock Publications,1963.

[90] 孙爱军,刘茂.基于社会技术系统视角的我国重大生产安全事故致因分析模型[J].煤炭学报,2010,35(5):870-876.

[91] SVEDUNG I,RASMUSSEN J. Graphic representation of accident scenarios:mapping system structure and the causation of accidents[J]. Safety science,2002,40(5):397-417.

[92] RASMUSSEN J,SVEDUNG I. Proactive risk management in a dynamic society[M]. Karlstad:Karlstad Swedish Rescue Services Agency,2000.

[93] 张津嘉,许开立,李力,等.基于社会技术系统理论的瓦斯爆炸事故分析[J].东北大学学报(自然科学版),2018,39(05):736-740.

[94] HOLLNAGEL E. Understanding accidents-from root causes to performance variability[C]. Proceedings of the IEEE 7th conference on human factors and power plants,2002.

[95] DEBRUYN C. Book review:Cognitive systems engineering,Rasmussen[J]. Journal of multi-criteria decision analysis,2015,5(1):75.

[96] VICENTE K J. Cognitive work analysis:toward safe[M]. Oxford:Oxford Handbook of Cognitive Engineering,2013.

[97] VICENTE K J. Cognitive engineering research at Ris from 1962-1979[J]. Advances in human performance & cognitive engineering research,2001,1:210-214.

[98] BROWN D E. Text mining the contributors to rail accidents[J]. IEEE Transactions on intelligent transportation systems, 2016, 17(2):346-355.

[99] SINGLE J I,SCHMIDT J,DENECKE J. Knowledge acquisition from

chemical accident databases using an ontology-based method and natural language processing[J]. Safety science,2020,129:104747.

[100] VERMA A,MAITI J. Text-document clustering-based cause and effect analysis methodology for steel plant incident data[J]. International journal of injury control & safety promotion,2018,25(4):416-426.

[101] MITCHELL T M. Machine learning[M]. New York:McGraw-Hill,1997.

[102] DU B C. Research and implementation of text mining based on medicalrecors data[D]. Beijing:University of Posts and Telecommunications,2019.

[103] CHEN Y,SHAO X,ZHAO H B. Microblog topic mining based on UR-LDA[J]. Computer technology and development,2017,27(6):173-182.

[104] CHEN P,CHAI J,ZHANG L,et al. Development and application of a Chinese webpage suicide information mining system(sims)[J]. Journal of medical systems,2014,38(11):88.

[105] RAVIV G,FISHBAIN B,SHAPIRA A. Analyzing risk factors in crane-related near-miss and accident reports[J]. Safety science,2016,91:192-205.

[106] SINGH K,MAITI J,DHALMAHAPATRA K. Chain of events model for safety management:data analytics approach[J]. Safety science,2019,118:568-582.

[107] GAO L,WU H. Verb-Based text mining of road crash report[C]. Transportation Research,2013.

[108] NAYAK R,PIYATRAPOOMI N,WELIGAMAGE J. Application of text mining in analysing road crashes for road asset management[M]. London:Springer,2010.

[109] LIU G,BOYD M,YU M,et al. Identifying causality and contributory factors of pipeline incidents by employing natural language processing and text mining techniques[J]. Process safety and environmental protection,2021,152(3):37-46.

[110] QIU Z,LIU Q,LI X,et al. Construction and analysis of a coal mine accident causation network based on text mining[J]. Process safety and environmental protection,2021,153:320-328.

[111] SINGH K,MAITI J,DHALMAHAPATRA K. Chain of events model for safety management:data analytics approach[J]. Safety science,118:568-582.

[112] 李珏,李世杰.基于文本挖掘的高处坠落事故致因及关联规则分析[J].长沙理工大学学报(自然科学版),2020,17(02):61-67+74.

[113] JIE L,WANG J,NA X,et al. Importance degree research of safety risk management processes of urban rail transit based on text mining method[J]. Information (Switzerland),2018,9(2):26.

[114] 吴佀,江福才,姚厚杰,等.基于文本挖掘的内河船舶碰撞事故致因因素分析与风险预测[J].交通信息与安全,2018,36(03):8-18.

[115] KIM J S,KIM B S. Analysis of fire-accident factors using big-data analysis method for construction areas[J]. KSCE Journal of civil engineering,2017,22:49-56.

[116] 韩天园,田顺,吕凯光,等.基于文本挖掘的重特大交通事故成因网络分析[J].中国安全科学学报,2021,31(09):150-156.

[117] 薛楠楠,张建荣,张伟,等.基于文本挖掘的建筑工人不安全行为及其影响因素研究[J].安全与环境工程,2021,28(02):59-65+85.

[118] ESMAEILI B,HALLOWELL MR,RAJAGOPALAN B. Attribute-based safety risk assessment. II:Predicting safety outcomes using generalized linear models[J]. Journal of construction engineering and management,2015,141(8):04015022.

[119] 李解,王建平,许娜,等.基于文本挖掘的地铁施工安全风险事故致险因素分析[J].隧道建设,2017,37(02):160-166.

[120] AGRAWAL R. Mining association rules between sets of items in large databases. Acm Sigmod International Conference on Management of Data. ACM. Board 92nd Annual Meeting,1993.

[121] CHEN M S. An overview from a database perspective[J]. IEEE Transactions on knowledge & data engineering, 1996, 8 (6): 866-866.

[122] AGRAWAL R,SRIKANT R. Fast algorithms for mining association rules[C]. Proceedings of the 20th International Conference on Very Large Data Bases,1994.

[123] HAN J,JIAN P. Mining frequent patterns by pattern-growth:methodology and implications[J]. Acm sigkdd explorations newsletter,2000,2(2):14-20.

[124] WU B,ZHANG J H,YAN X P,et al. Use of association rules for cause-effects relationships analysis of collision accidents in the Yangtze river[M]. Florida:CRC Press,2019.

[125] 何兵.关联规则数据挖掘算法的相关研究[D].成都:西南交通大学,2004.

[126] WITTEN I H,FRANK E. Data mining:practical machine learning tools and techniques[J]. Acm sigmod record,2011,31(1),76-77.

[127] HONG J,TAMAKLOE R,PARK D. Application of association rules mining algorithm for hazardous materials transportation crashes on expressway[J]. Accident analysis & prevention,2020,142(5):105497.

[128] 刘双跃,彭丽.基于 Apriori 改进算法的煤矿隐患关联性分析[J].内蒙古煤炭经济,2013(11):149-151.

[129] 况宇琦,赵挺生,蒋灵,等.塔式起重机事故案例关联规则挖掘与分析[J].中国安全科学学报,2021,31(07):137-142.

[130] 刘文恒.公路穿村镇路段交通事故特征及事故致因深度分析[D].北京:北京交通大学,2018.

[131] 陈述,习俊博,王建平,等.水电工程施工安全隐患关联规则挖掘[J].中国安全科学学报,2021,31(08):75-82.

[132] 南东亮,王维庆,张陵,等.基于关联规则挖掘与组合赋权-云模型的电网二次设备运行状态风险评价[J].电力系统保护与控制,2021,49(10):67-76.

[133] 高扬,曹媛.基于关联规则挖掘的直升机事故/事件分析[J].安全与环境学报,2020,20(03):849-856.

[134] 徐晓楠,张晓珺,张伟,等.北京市火灾关联规则分析[J].安全与环境学报,2010,10(03):151-156.

[135] 叶颖婕. 基于关联规则的交通事故风险因素挖掘及预测模型构建[D]. 北京:北京工业大学,2018.

[136] GEURTS K,THOMAS I,WETS G. Understanding spatial concentrations of road accidents using frequent item sets[J]. Accident analysis and prevention,2005,37(4):787-799.

[137] YU S,JIA Y,SUN D. Identifying Factors that Influence the Patterns of Road Crashes Using Association Rules:A case Study from Wisconsin,United States[J]. Sustainability,2019,11(7).

[138] DAS A,AHMED MM,GHASEMZADEH A. Using trajectory-level SHRP2 naturalistic driving data for investigating driver lane-keeping ability in fog:An association rules mining approach[J]. Accident analysis & prevention,2019,129(AUG.):250-262.

[139] XU C,BAO J,WANG C,et al. Association rule analysis of factors contributing to extraordinarily severe traffic crashes in China[J]. Journal of safety research,2018,67(DEC.):65-75.

[140] HONG J,TAMAKLOE R,PARK D. Discovering Insightful Rules among Truck Crash Characteristics using Apriori Algorithm[J]. Journal of advanced transportation,2020(2):1-16.

[141] MONTELLA A. Identifying crash contributory factors at urban roundabouts and using association rules to explore their relationships to different crash types[J]. Accident analysis and prevention,2011,43(4):1451-1463.

[142] EVELIEN,POLDERS,STIJN,et al. Identifying Crash Patterns on Roundabouts[J]. Traffic injury prevention,2014,16:202-207.

[143] DAS S,DUTTA A,JALAYER M,et al. Factors influencing the patterns of wrong-way driving crashes on freeway exit ramps and median crossovers:Exploration using "Eclat" association rules to promote safety[J]. International journal of transportation science and technology,2018,7:114-123.

[144] WENG J,ZHU J Z,YAN X,et al. Investigation of work zone crash casualty patterns using association rules[J]. Accident analysis & prevention,2016,92:43-52.

[145] 雷煜斌,陈兆波,曾建潮,等. 基于关联规则的煤矿瓦斯事故致因链研究[J]. 煤矿安全,2016,47(08):240-243.

[146] HOSSAIN M,MUROMACHI Y. A Bayesian network based framework for real-time crash prediction on the basic freeway segments of urban expressways[J]. Accident analysis and prevention,2012,45:373-381.

[147] GEORGE P G,RENJITH V R. Evolution of Safety and Security Risk Assessment methodologies towards the use of Bayesian Networks in process industries[J]. Process safety and environmental protection,2021,149:758-775.

[148] LI M,WANG H,WANG D,et al. Risk assessment of gas explosion in coal mines based on fuzzy AHP and bayesian network[J]. Process safety and environmental protection,2020,135:207-218.

[149] HSU W H. Genetic wrappers for feature selection in decision tree induction and variable ordering in Bayesian network structure learning [J]. Information sciences,2004,163(1-3):103-122.

[150] UUSITALO L. Advantages and challenges of Bayesian networks in environmental modelling[J]. Ecological modelling,2007,203(3-4):312-318.

[151] FAN C F,YU Y C. BBN-based software project risk management [J]. Journal of systems & software,2004,73(2):193-203.

[152] MA X,XING Y,LU J. Causation analysis of hazardous material road transportation accidents by Bayesian Network using genie[J]. Journal of advanced transportation,2018(4):1-12.

[153] ZHAO L,WANG X,YING Q. Analysis of factors that influence hazardous material transportation accidents based on Bayesian networks:A case study in China[J]. Safety science,2012,50(4):1049-1055.

[154] WANG W,SHEN K,WANG B,et al. Failure probability analysis of the urban buried gas pipelines using Bayesian networks[J]. Process safety & environmental protection,2017,111:678-686.

[155] KABIR G,SADIQ R,TESFAMARIAM S. A fuzzy Bayesian belief

network for safety assessment of oil and gas pipelines[J]. Structure & infrastructure engineering,2015,12:874-889.

[156] AFENYO M,KHAN F,VEITCH B,et al. Arctic shipping accident scenario analysis using Bayesian Network approach[J]. Ocean engineering,2017,133:224-230.

[157] HÄNNINEN M,KUJALA P. Bayesian network modeling of Port State Control inspection findings and ship accident involvement[J]. Expert systems with applications,2014,41(4):1632-1646.

[158] WU J,ZHOU R,XU S,et al. Probabilistic analysis of natural gas pipeline network accident based on Bayesian network[J]. Journal of loss prevention in the process industries,2017,46:126-136.

[159] SCHÖLKOPF B,LOCATELLO F,BAUER S,et al. Toward causal representation learning[J]. Proceedings of the IEEE,2021,109(5): 612-634.

[160] HUANG G B,ZHU Q Y,SIEW C K. Extreme learning machine:a new learning scheme of feedforward neural networks [C]//2004 IEEE international joint conference on neural networks(IEEE Cat. No. 04CH37541). Ieee,2004,2:985-990.

[161] HUANG G B,ZHU Q Y,SIEW C K. Extreme learning machine:theory and applications[J]. Neurocomputing,2006,70(1-3):489-501.

[162] XU X,DING S,SHI Z,et al. Optimizing radial basis function neural network based on rough sets and affinity propagation clustering algorithm[J]. Journal of zhejiang university science c,2012,13(2): 131-138.

[163] CHEN Y,ZHENG W X. Stochastic state estimation for neural networks with distributed delays and Markovian jump[J]. Neural networks,2012,25:14-20.

[164] DING S,SU C,YU J. An optimizing BP neural network algorithm based on genetic algorithm[J]. Artificial intelligence review,2011, 36(2):153-162.

[165] FERNÁNDEZ-NAVARRO F,HERVÁS-MARTÍNEZ C,GUTIÉRREZ P A,et al. Evolutionary q-Gaussian radial basis function neural networks for

multiclassification[J]. Neural networks,2011,24(7):779-784.

[166] DING S,JIA W,SU C,et al. Research of neural network algorithm based on factor analysis and cluster analysis[J]. Neural computing and applications,2011,20(2):297-302.

[167] RAZAVI S,TOLSON B A. A new formulation for feedforward neural networks[J]. IEEE Transactions on neural networks,2011,22 (10):1588-1598.

[168] 邱俊博,胡军.基于 ELM 的尾矿坝浸润线预测[J]. 有色金属工程, 2021,11(02):103-109.

[169] 田虎军,胡新社,贾世有,等. 基于极限学习机的煤矿瓦斯涌出量预测研究[J]. 能源技术与管理,2021,46(01):190-192.

[170] 潘华贤,程国建,蔡磊. 极限学习机与支持向量机在储层渗透率预测中的对比研究[J]. 计算机工程与科学,2010,32(2):131-134.

[171] 陈芊澍,文晓涛,何健,等. 基于极限学习机的裂缝带预测[J]. 石油物探,2021,60(01):149-156+174.

[172] LI G,NIU P. An enhanced extreme learning machine based on ridge regression for regression[J]. Neural computing & applications, 2013,22(3-4):803-810.

[173] MALATHI V,MARIMUTHU N S,BASKAR S,et al. Application of extreme learning machine for series compensated transmission line protection[J]. Engineering applications of artificial intelligence, 2011,24(5):880-887.

[174] ZHAO L,WANG D,CHAI T. Estimation of effluent quality using PLS-based extreme learning machines[J]. Neural computing and applications,2013,22(3):509-519.

[175] LI Y,LI Y,ZHAI J,et al. RTS game strategy evaluation using extreme learning machine[J]. Soft computing,2012,16(9):1627-1637.

[176] LI L N,OUYANG J H,CHEN H L,et al. A computer aided diagnosis system for thyroid diseaseusing extreme learning machine[J]. Journal of medical systems,2012,36(5):3327-3337.

[177] BAYKASOĞLU A,ÖZBAKIR L,TAPKAN P. Artificial bee colony algorithm and its application to generalized assignment problem

[M]. London:Intech Open,2007.

[178] LAM A Y S,LI V O K. Chemical-reaction-inspired metaheuristic for optimization[J]. IEEE Transactions on evolutionary computation, 2009,14(3):381-399.

[179] ALATAS B. ACROA:artificial chemical reaction optimization algorithm for global optimization[J]. Expert systems with applications, 2011,38(10):13170-13180.

[180] ALATAS B. A novel chemistry based metaheuristic optimization method for mining of classification rules[J]. Expert systems with applications,2012,39(12):11080-11088.

[181] XU J,LAM A Y S,LI V O K. Chemical reaction optimization for the grid scheduling problem[C]//2010 IEEE International Conference on Communications. IEEE,2010:1-5.

[182] XU J,LAM A Y S,LI V O K. Chemical reaction optimization for task scheduling in grid computing[J]. IEEE Transactions on parallel and distributed systems,2011,22(10):1624-1631.

[183] JAMES J Q,LAM A Y S,LI V O K. Evolutionary artificial neural network based on chemical reaction optimization[C]//2011 IEEE Congress of Evolutionary Computation (CEC). IEEE, 2011: 2083-2090.

[184] NAYAK S C,MISRA B B,BEHERA H S. Artificial chemical reaction optimization of neural networks for efficient prediction of stock market indices[J]. Ain Shams Engineering Journal,2017,8(3): 371-390.

[185] 罗颂荣,程军圣,HUNGLINH A O. 基于人工化学反应优化的 SVM 及旋转机械故障诊断[J]. 中国机械工程,2015,26(10):1306-1312.

[186] HINTON G E,ROWEIS S. Stochastic neighbor embedding[J]. Advances in neural information processing systems,2003,15(4):833-840.

[187] MAATEN VAN DER L,HINTON G. Visualizing data using t-SNE [J]. Journal of machine learning research,2008,9:2579-2605.

[188] KAMBHATLA N,LEEN T. Fast non-linear dimension reduction [J]. Advances in neural information processing systems,1993,6.

[189] 冯蕊,袁瑞强.基于 t-SNE 的晋北矿区地下水水质评价[J].环境科学学报,2014,34(10):2540-2546.

[190] POUYET E,ROHANI N,KATSAGGELOS A K,et al. Innovative data reduction and visualization strategy for hyperspectral imaging datasets using t-SNE approach[J]. Pure and applied chemistry, 2018,90(3):493-506.

[191] SONG W,WANG L,LIU P,et al. Improved t-SNE based manifold dimensional reduction forremote sensing data processing[J]. Multimedia tools and applications,2019,78(4):4311-4326.

[192] ZARZAR M,RAZAK E,HTIKE Z Z,et al. Early diagnosis of non-small-cell lung carcinoma from gene expression using t-distributed stochastic neighbor embedding[J]. Advanced science letters,2015, 21(11):3550-3553.

[193] ULLAH B,KAMRAN M,RUI Y. Predictive modeling of short-term rockburst for the stability of subsurface structures using machine learning approaches:t-SNE,K-Means Clustering and XGBoost[J]. Mathematics,2022,10(3):449.

[194] 袁军鹏,朱东华,李毅,等.文本挖掘技术研究进展[J].计算机应用研究,2006(02):1-4.

[195] 薛为民,陆玉昌.文本挖掘技术研究[J].北京联合大学学报(自然科学版),2005(04):59-63.

[196] CHEN M S,HAN J,YU P S. Data mining:an overview from a database perspective[J]. IEEE Transactions on knowledge and data engineering,1996,8(6):866-883.

[197] AGGARWAL C C,YU P S. Mining large itemsets for association rules[J]. Bulletin of the IEEE computer society technical committee on data engineering,1998,21(1):23-31.

[198] 王克楠.基于关联特性分析的铁路事故数据挖掘及预测、预警方法研究[D].北京:北京交通大学,2016.

[199] VELICKOV,SLAVCO. Nonlinear dynamic and chaos with applications to hydrodynamics and hydrological modeling[M]. Boca Raton, FL:CRC Press,2004.

[200] 吴静娴,杨敏.基于贝叶斯网络的城市常规公交服务满意度分析模型 [J].东南大学学报(自然科学版),2017,47(05):1042-1047.

[201] DENVER DASH,GREGORY F C. Model averaging for prediction with discrete Bayesian Networks[J].Journal of machine learning research,2004(5):1177-1203.

[202] 朱明敏.贝叶斯网络结构学习与推理研究[D].西安:西安电子科技大学,2013.

[203] 杨峰.基于抽样的贝叶斯网络推理算法研究[D].合肥:合肥工业大学,2008.